水産エコラベル
ガイドブック

一般社団法人
大日本水産会 編

成山堂書店

巻 頭 言

2007年、大日本水産会がマリン・エコラベル・ジャパン（MEL）を立ち上げてから13年が経過しました。2016年12月からは、これを一般社団法人として本会から独立させ、垣添さんを会長とするマリン・エコラベル・ジャパン協議会におまかせして、もう4年となりました。

設立当初から10年の間は、本会の努力不足は否めないところながら、MELのみならずそもそも我が国における水産エコラベルの普及が進まない状況にありましたが、持続可能な開発目標を定める国連によるSDGsの提唱、累次のオリンピック・パラリンピック選手村における持続性に配慮した食材の調達基準の設定、これに2018年、漁業法の70年ぶりの改正により資源管理の拡大と強化が加わり、一気にこの水産エコラベルの普及・認知に拍車がかかってまいりました。

さて、資源の持続的利用という世界的な趨勢の中で、持続的な漁業を推進するため、我が国においては、行政の定める一定の枠組みに従い資源の管理が行われている訳ですが、各生産者は自発的な取り組みによって資源の維持培養につながる漁場や環境に優しい漁業を実現しています。

この水産エコラベルという制度は、そのことを一般消費者に知ってもらい、ラベルの付された水産物は生態系や資源の持続性に配慮して漁獲された水産物であるということを証明するものであり、消費者にその水産物を購入してもらうことで、その取り組みを間接的に支援し資源管理を更に推進していこうとするものです。

そこで本書発刊の趣旨ですが、業界の皆さんから一般の方々に至るまで、いろいろな方々に本書を手に取っていただき、この水産エコラベルという制度の意義や各スキームの概要を更に知っていただくことで、社会全般における認知の向上と普及に資するとともに、このことにより、我が国の水産業の中央団体である大日本水産会としても、水産資源の持続的利用に寄与していければと期待するところです。

もちろん、本会が発祥である、日本発の水産エコラベルとしての MEL に関する記述が主となっていますが、我が国でも先行して活動されていた海外発の水産エコラベルに関しても、専門の先生により客観的にしっかりと執筆いただいております。

また、各ラベルについての執筆者が異なるため、若干、記述のトーンが異なることは否めませんが、本書をご覧になることで、必ずや水産エコラベルへの理解を深めていただけるものと考えております。

蛇足になりますが、東日本大震災から 10 年目、未だ部分的な災禍を残しながらも、ようやくその復旧・復興が一定の形になってきた現在、また新たに新型コロナ感染症による危機が訪れています。水産業界もその真っただ中にあり、魚価の低落等厳しい経営難に見舞われているところですが、本書が発刊される頃にはこれが反転し、「水産日本の復活」に向けて、業界挙げて邁進していることを切に期待するところです。

2020 年 6 月

一般社団法人 大日本水産会
会　長　白須敏朗

目　次

II 認証制度の概要と関係性 37

凡　例

1) FAO Guideline for the Ecolabeling of Fisheries Product from Marine Capture Fisheries の和訳は「海洋漁獲漁業からの魚及び水産物製品のエコラベリングのためのガイドライン」とし、その略称を「FAO のガイドライン」と称した。

2) FAO Technical guidelines on aquaculture certification の和訳を「FAO の養殖認証のための技術的ガイドライン」とし、その略称を「養殖認証ガイドライン」と称した。

3) FAO の「Code of Conduct for Responsible Fisheries」の和訳は、「責任ある漁業のための行動規範」に統一した。

執筆者紹介と執筆分担

編者：(一社)大日本水産会

巻頭言：白須敏朗（しらす としろう）

(一社)大日本水産会 会長

I，II-1：垣添直也（かきぞえ なおや）

(一社)マリン・エコラベル・ジャパン協議会 会長（日本水産株式会社 代表取締役社長、(一社)日本冷凍食品協会 会長、(一社)日本冷蔵倉庫協会 会長、(一社)大日本水産会 副会長、東京海洋大学 理事等を歴任）

Q&A，III：(一社)大日本水産会

II-2：山根猛（やまね たけし）

(一社)日本食育者協会 事務局長、元近畿大学農学部水産学科 教授

II-3 有路昌彦（ありじ まさひこ）共著

近畿大学世界経済研究所 教授、株式会社食縁 代表取締役社長

II-3 升間主計（ますま しゅけい）共著

近畿大学近畿大学農学部水産学科 教授(水産研究所 所長)

II-4 〜 II-10：石原広恵（いしはら ひろえ）

東京大学大学院農学生命科学研究科農学国際専攻地球生物環境学講座 助教

水産エコラベルに関する Q&A

1. 水産エコラベルとは

Q.1-1 エコラベル認証を取得することの意義は何ですか？

A.1-1 最も大きな意義は、認証された水産物や商品を消費者が選択して購入することにより、消費者が水産資源の持続性を意識し、間接的に生産者による資源管理への取り組みへ協力をするということです。

認証された水産物や商品が認証されていないものより高くまたは良く売れるということは保証できませんが、消費者や流通業者が前記のことを認識し、同じ値段であれば認証水産物を選ぶということになれば、小売業は認証水産物の仕入れを望むことになります。

生産者から流通加工、小売業にわたるまで、水産エコラベルはブランドや品質保証と同様に、大きな戦略ツールとなるわけです。我が国も早晩そういった状況になることが予想されます。

Q.1-2 MSC や ASC といったエコラベルと MEL との違いは何ですか？

A.1-2 いずれのエコラベルも、持続的かつ責任ある漁業を目的として、FAO のガイドラインにならったスキームであることに違いはありません。

MSC や ASC は全世界の漁業や養殖を認証対象としていますが、MEL は我が国の漁業や養殖が対象です。

また、MSC は欧州で設立された制度ですので、高緯度海域における、多獲性の魚種を主体とした比較的大規模の漁業が主体であるのに対し、MEL は中高緯度海域の多様性に富んだ生態系において多種を漁獲対象とした、比較的小規模な漁業も対象としています。

養殖についても、MEL は日本の起伏に富んだ内湾で営まれる多種多様な魚貝類や藻類も対象としています。

Q.1-3 エコラベルに「GSSI 承認」が必要な理由は何ですか？

A.1-3 GSSI（Global Sustainable Seafood Initiative）は、「より持続的な水産物を全ての人に」を使命として、「認証水産物の供給と販売促進の信頼性を担保するとともに、水産認証スキームの改善を推進する。」ことを目的に発足しました。

各国の漁業者、水産関連企業や非政府組織などが参加し、現在世界中には 140 以上の水産エコラベルが存在し、その種類もラベリング（認証）やレーティング（段階評価）なども様々です。それらの多くは、自ら FAO の基準に沿ったものだという自己宣言によるものです。

そこで、これらを客観的に審査、第三者の立場から確かにそうであることを評価し、知らしめるというのが GSSI のミッションです。

GSSI の承認を得ることは、FAO のガイドライン沿って適正な認証制度が保持、運営されているという評価がなされたということで、これを世界に主張できることとなります。

Q.1-4 どの認証が良いと考えられますか

A.1-4 一概にどの認証が良いということは言えないと思われます。それぞれに特徴があり、それぞれの事業にとっても良否、適不適があると考えられます。

認証を申請しようとする事業者の方が何を求めるか、その事業がどの認証に適しているかをよく見定めることが重要なのはもちろんですが、例えば輸出が目的かそうではないか、費用はどうか、などで判断されることになるでしょう。

2. 認証取得について

Q.2-1 エコラベル認証取得のための費用はどうなっていますか？

A.2-1 エコラベルの認証によって異なりますが、本文にもあったように、概《おおむ》ね以下のような費用がかかります。

1）まず、認証取得、維持費用です。初回、年次あるいは更新に際してかかる審査のための費用で、これはどの認証でも必要とされています。

2）次にロゴマーク使用料です。認証された水産物であることを示すために事業者が製品に表示することとなりますが、その使用料をスキーム・オーナー（認証の管理運営者）に納めます。ロゴマークを付けた製品の売上に応じて納めるものと、その量に関わらず、定額とするものとがあります。また、会費の形で請求するスキームもあります。費用の額や多寡については認証ごとにまちまちです。本編のそれぞれを参照して下さい。

Q.2-2 海外発の認証を取得していれば、MEL（日本発の認証）を自動的に取得できますか？

A.2-2 それぞれのスキーム毎に規格や適合の判定基準が異なりますので、自動的にとは行きません。あらためての申請と審査が必要です。但し、共通する部分は多いと思われます。

Q.2-3 ISO や HACCP を取得していれば、水産エコラベルの認証が容易になったり審査が簡略化されたりしますか？

A.2-3 水産エコラベルの認証自体は ISO や HACCP とは全く異なるものですので、審査の一部が免除される等はありません。しかし、国際的に認められた認証スキームはほとんどが ISO の手法によって審査、運営管理されていることから、すでにその知識や知見があれば、審査を受ける側として対応する素地が培われているものと思われ、CoC 認証についてはスキーム同志の相互認証が検討されています。

Q.2-4 MEL は MSC や ASC と比べて認証取得しやすいですか？

A.2-4 MEL の規格や関連文書は、我が国の現状を熟知している科学者や関係者により開発されました。そのため、我が国の実情に即した審査項目が設定されているため、申請者にとってより納得のいく審査が行われます。一方、国際基準化にともない FAO のガイドラインに沿った内容にもなっているため、国際、国内双方の基準を満たす必要があり、一概に取得しやすいとは言えません。

Q.2-5 認証の有効期間はどれくらいですか？

A.2-5 各スキームが有効期限を設定していますが、MEL の場合、漁業認証は 5 年間、養殖と CoC 認証は 3 年間になります。延長に際しては、認証機関による更新審査が求められます。ただし、年次審査や、臨時審査の際に不適合が認められ是正措置が取られなかった場合、有効期間中であっても認証が取り消しになります。

Q.2-6 申請する事業者に求められることは何ですか？

A.2-3 認証を申請する事業者が、社会的に正当であることが求められます。組織としても、そして事業についても水産や漁業の関連法令を遵守していなければなりません。各規格に遵守すべき法令が具体的に示してあります。

Q.2-7 認証の審査はどのように行いますか？

A.2-7 認証の審査は、スキーム・オーナーとは完全に独立した第三者としての認証機関が行うことになっています。その審査は ISO17065 の手法に則って行われるのが通常となっています。概略すると

① 申請に対して審査スケジュールと審査料が示され、

② 契約を結んだ上で審査の実行、
③ その報告書を基に認証の判定が行われ、
④ 認証の取得が認められた場合に認証の発効

となります。この間に不適合の判定が出た場合は、是正措置を加え、限られた期間中に適合となるまで再審査が繰り返されます。

認証の申請に先立ち、コンサルタントを薦められる場合や予備審査（プレアセスメント）を行う場合もありますので、これらを活用するケースも少なくないようです。

Q.2-8 認証の審査員はどのような人ですか？

A.2-8 漁業、養殖、流通加工それぞれが広範囲で相当の知見、現場経験が必要とされます。また、審査そのものの力量も必要です。例えば、事実を引き出すためのコミュニケーション力や適正な審査報告書を作成する力などです。

各制度（スキーム）では、審査員の育成プログラムが組まれていますが、業界に明るい研究者や事業経験者がそのプログラムや研修を受け、一定の審査実習を経た上で審査員として登録され、審査活動を行っている模様です。

3. 漁業との関係

Q.3-1 申請する漁業の単位はどのように考えればよいですか？

A.3-1 特定の海域において、特定の魚あるいは水産物を対象とする漁業者の全てが、同一管理の下で共同体となって活動し、申請するのが端的で典型的な例となるでしょう。しかし、それが困難な場合も多いと考えられます。その場合、現行のグループを基本とし、関係するグループと協力して申請単位を作ることも必要でしょう。

対象水産物に関する全般的な状況をカバーするデータと対応状況が必

要とされますので、後述するように、申請を希望しないグループとの協力関係が必要です。

Q.3-2 対象とする魚が他の申請を希望していない事業者と競合して捕られている場合はどうすればよいですか？

A.3-2 同じ海域で同じ魚種を対象としている事業者が協力し、共同体として申請をすることが必要ですが、難しい場合もあるでしょう。漁法や地域の異なる複数のグループが同じ海域の同じ魚を狙って操業する場合などはこのケースと考えられます。

このような場合は、大抵はグループ同士の協定等が結ばれているものと想定できます。明文化されていない場合は、改めて文書にすることも必要です。その内容が対象資源の持続性に照らして適合しているかが評価されることになります。

このことは他の国との間においても同様です。2 国間あるいは多国間では、ほとんどの場合は国同士で協定があり、むしろ厳しく管理されていますので、評価しやすいものと考えられます。

Q.3-3 混獲を無くすことができませんが、申請が可能でしょうか？

A.3-3 混獲の発生しない漁業はほとんどありません。混獲が希少種等でないか、混獲物の持続性に配慮し混獲を抑える対策を取っているか、混獲物をどのように扱っているかなどが法規やデータによって適正に対処されているかが評価されます。そのためには、混獲物の実績などのデータ集積や混獲削減に向けた対策が重要な情報となってきます。

Q.3-4 TAC との関連はどうなっていますか？

A.3-4 行政によって漁獲可能量（Total Allowable Catch）が定められ、適切な管理下での操業であれば、「対象資源の持続性」に原則として適合と言えます。同様に、国際条約や多国間の取り決めに従って操業している場合も適合と考えられます。

4. 養殖業との関係

Q.4-1 養殖とはどのような範囲を指しますか？

A.4-1 養殖という業態の範囲は、国や各水産エコラベルによっても少しずつ異なっているようです。日本の MEL を例にしますと、生簀給餌、無給餌の貝類・藻類、陸上という範囲あるいは区分で養殖業としています。一方、地まきのホタテやアサリは漁業、サケ、ヒラメ、アワビなどの稚魚や種苗の放流による漁獲は漁業としています。

Q.4-2 養殖認証が漁業認証と異なる認証の基準はどのようなものですか？

A.4-2 主に野生魚あるいは天然の水産物を対象とする漁業と養殖が異なる点は、種苗、餌、養殖場とその周囲の環境といったものになります。これらのそれぞれが関係するものに持続性が確保されているか、環境に悪影響を与えていないかが認証の基準となります。

具体的には、種苗あるいは稚魚の採捕がその種の減少に繋がらないか、餌に配合される魚粉が IUU でないか、配合率が抑えられているか、生簀が過密になっていないか、有害な資機材が使用されていないか、周囲の水環境に悪影響がないか等です。

Q.4-3 アニマル・ウェルフェアー（Animal Welfare）についてはどのように考えられていますか？

A.4-3 近年、動物福祉の考え方が魚類や水棲生物にも及んでおり、水産エコラベルにおいても一定の対処がなされています。MEL を例にとれば、良好な飼育環境を整えること、疫病を予防すること、罹病については適切な治療と拡散を防止することが基準として盛り込まれています。

具体的には、飼育密度の適正化、適法、適切な予防対策、専門家による診断と適切な治療の実施などです。

Q.4-4 給餌に関しての基準はどのようなものですか？

A.4-4 給餌は養殖事業において最も重要な要因となっているといっても過言ではないでしょう。餌料については IUU 由来の魚が混ざること、生餌（丸の魚）や同種同属を直接与えることは不適合となります。また、魚粉の配合率はできるだけ抑えること、水質や低層土の汚濁防止なども重要なポイントです。

5. 流通・加工との関係

Q.5-1 なぜ流通加工（CoC）認証が必要なのですか？その役割は何ですか？

A.5-1 認証取得の意義で述べましたように、その水産物が持続可能性や生態系保全に配慮されて獲られた、あるいは育てられたものであることが、最終消費者である市民の皆さんに分かってもらって初めて意味をなすことになります。

したがって、生産者から水産物を受け取り、加工して、最終商品として店頭に並ぶ、あるいは外食店で料理としてテーブルに載るまでの間、いわゆるサプライチェーンの全ての過程において、他の認証されていない水産物と混ざらないように取り扱われなければなりません。また、そのことを表示するためのロゴマークの取り扱いと管理も重要な要因となります。

これらを適正に運営、実施しているかを評価して認証するものです。

Q.5-2 認証の基準はどのようなものですか？

A.5-2 流通加工（CoC）認証の基本は前述したように、一貫して他の非認証水産物と混ざらないように取り扱うことですが、これを確かなものとするために、

① 非認証水産物から（時間的あるいは物理的に）分離して取り扱う仕様書やマニュアルが作成され、組織として実施体制ができていること
② その取扱いの記録が保持されていること
③ これらを監視、検証するための管理・監査体制が整っていること

などが主要な要件となっています。

Q.5-3 ロゴマークにはどんな意味がありますか？

A.5-3 水産エコラベルの認証を取得することの意義は前述しましたが、この認証を表すのが、それぞれの認証に対応したロゴマークです。消費者、市民の皆さんがこのロゴマークを見て、「ああ、これは○○○認証を受けた魚介類だ。よし、これを選ぼう」となる訳です。ですので、制度の運営管理者（スキーム・オーナー）はこのロゴマークを大切にし、不正に取り扱われないように管理する必要があります。

また一方で、このロゴマークを商品に表示することで認証事業者にその意義を享受してもらっているということから、一定の手数料を徴収しており、これがスキーム・オーナーの活動の主要な財務的基盤になっている模様です。この手数料には、商品の売上に対する定率で計算される場合と、売上等に関わらず、定額（年額）となっている場合とがあります。

I
なぜ認証制度が必要なのか
―世界と日本の水産資源の持続的利用・生態系保全認証制度の経緯―

1.「長い旅」のはじまり

人類の歴史は人口増大の歴史であった。諸説はあるが、旧石器時代中期の20万年前には100万人であった人口が、農耕が始まる新石器時代中期の1万年前には1,000万人、青銅器時代の5,000年前には1億人、そして産業革命期の18世紀には10億人に達した。

人口の増加は得られる食糧が許容する範囲でしかありえない。勿論、自然災害や感染症の流行等もあったであろうが、それらの障害を乗り越えて人口が増大したのは、人類が採集、狩猟、漁撈等の天然採集経済から農耕、牧畜、養殖等の食糧生産経済確立へ様々な努力を積み重ねた結果に他ならない。

水産業においては、農業から大きく遅れ養殖が存在感を増すのは1980年代になってからで、それまでは供給はもっぱら天然採捕に頼っていた。生きるための糧であった時代からやがて商業目的となるにつれ、人類の欲望の標的となり様々な国際紛争を引き起こすと共に、しばしば資源を枯渇に追い込んだ。

人類の欲望の最初の犠牲は「鯨」であった。17世紀から北大西洋でホッキョククジラの商業捕鯨が開始され、5万頭いたと言われる初期資源を各国で競いながら取り尽くした。20世紀初頭から開始された南氷洋捕鯨におけるシロナガスクジラも30万頭の初期資源を60年間で絶滅寸前に追いやった。世界からの参入による乱獲から資源を守るため、1931 年に人類初の国際的水産資源保護のための条約「国際捕鯨取締条約」が調印され、1936 年から発効したが資源減少には歯止めがかからなかった。

魚類でも枚挙にいとまがない。北米東岸のグランドバンクのタイセイヨウタラも 15 世紀からバスク人によって漁獲され、17-18 世紀にはニューイングランドの人々の生活と経済を支えて来たが、1960 年代からのトロール漁業参入による乱獲で資源を枯渇させた。1990 年代から厳しい規制を設けていているが、資源は杳として回復しない。

また、1920 年代から 30 年代にかけ、アメリカの缶詰産業を支え全盛期には 70 万トン以上の漁獲があったカリフォルニアのモントレー湾のマイワシも 1950 年頃には全く姿を消した。現在は禁漁となっており混獲枠として 8,000 トンが認められているだけで、缶詰工場跡を再開発した博物館、水族館等を訪れる観光客へのノスタルジックな食材としての地位をとどめているに過ぎない。

この様な反省から、脆弱で限られた水産資源を持続的に利用するために、漁業者のみならず社会や消費者を巻き込んだ活動の仕組みをつくることが摸索されることになった。

1972 年は人類にとって節目の年であった。即ち、5 月にローマクラブが「成長の限界」(副題＝人類の危機) という提言を世に問い、6 月にはスウェーデンのストックホルムで第 1 回国連人間環境会議が開催された。この会議で、前文 7 項と 26 の原則からなる「人間環境宣言 (ストックホルム宣言)」が採択された。この 26 の原則のうち、3 に「再生可能な資源を生み出す地球の能力の維持、回復、向上」が謳われ、国連の場で地球環境の保全の重要性が認識され、人類は地球環境を守る「長い旅」へと入ってゆく。

2. エコラベルという考え方

1972 年のストックホルム宣言から 10 年後の 1982 年に、国連海洋法条約が 1958 年から 24 年間にわたる長丁場の議論を経て採択された (発効はさらに 12 年後の 1994 年)。国連海洋法条約は、漁業に関する基本的なルールを決めている。即ち、EEZ（Exclusive Economic Zone：排他的経済水域）内の水産資源については沿岸国がその開発・保存及び管理について主権的権利を有し、入手可能な最良の科学的証拠に基づき適切に管理することを定めた。さらに、二つ以上の国のEEZあるいはある国のEEZと公海水域にまたがって分布する資源（ストランドリング魚種資源）については、関係国がその保存等のための措置について合意する様努力すること、また、マグロ類等の高度回遊性魚種の資源についてはEEZ内外を問わず関係国が保存・利用のため国際機関を通じて協力することとしている。公海では、全ての国が漁獲の自由を享受する一方で、資源の保存・管理に協力することが国連公海漁業協定（1982年制定、2001年発効）等を条件として付されている。

さらに10年後、1992年にリオ・デ・ジャネイロで開催された国連環境開発会議（地球サミット）においてエコラベル認証が環境管理に有効な手段として国際的に認識され、採択されたアジェンダ21に盛り込まれた。

エコラベル制度とは、「一定の環境基準に適合している事業やその製品について認証を与え、定められたラベルを表示することが認められる仕組み」と定義された。直ちに、1993年カナダでFSC（Forest Stewardship Council、森林管理協議会）が設立され、林業事業者、木材事業者、製紙事業者、森林組合、環境保護団体等を巻き込み本格的エコラベル認証制度の先駆けとなった。この流れは継続され、2012年のロンドンオリンピック・パラリンピックにおいて、大会のテーマである持続可能性の一環としてFSC認証を受けた木材・紙製品が使用されることにつながった。

水産分野においては、FAO（UN Food and Agriculture Organization、国連食糧農業機関）が中心となって水産エコラベル認証の制度化を推進した。1995年にローマで開催された第28回FAO総会において「責任ある漁業のための行動規範」が採択され、12条からなる行動規範を示した。この第6条の一般原則において「責任ある漁業における環境と調和した持続的な水産資源の利用や生態系の保全に関する理念、基本原則」が提示された。

1997年にMSC（Marine Stewardship Council、海洋管理協議会）がWWF（World Wide Fund for Nature：世界自然保護基金）とユニリーバ社の支援で設立され、漁業認証と流通加工認証開始の旗を掲げた。

当時のヨーロッパの漁業は、1983年に制定されたEU共通漁業政策（CFP）に沿って水産資源の保護と競争力強化の途上で、各国の漁業の実態の違いもあり、漁業者からの激しい反発が起きた。それでも、北欧諸国は主な輸出先の環境や資源保護意識の高まりに合わせる道を選んだが、南欧諸国は自国がマーケットであることもあり反発は容易に収まらなかった。

MSCは先駆者としての苦労の末、2000年にテムズ川のニシン漁業と西オーストラリアのロブスターを最初に認証、さらにニュージランドのホキが続いた。この動きを見ると、市場が漁業者に対しMSC認証の取得を迫った構図が浮かび上がる。環境NGOの影響力が大きい欧米諸国において、流通・加工事業者にとって自らの企業姿勢が消費者の厳しい監視の下にあるというプレッシャーは極めて大きなものであったと思われる。

3. FAOによる「水産エコラベルのためのガイドライン」の採択

FAOは、既に活動を開始していたMSCに背を押され、また北欧諸国に働きかけもあり水産エコラベルのガイドライン作成に取りかかり、2005年にローマで開催された水産委員会で「海洋漁業からの漁獲物と水産物のエコラベルのためのガイドライン（以下、FAOのガイドラインと称す）」を採択した。

FAOのガイドラインは次の3つの原則からなり、

① 科学的根拠に基づいた客観的な方法による漁業審査

② 透明な認証プロセス

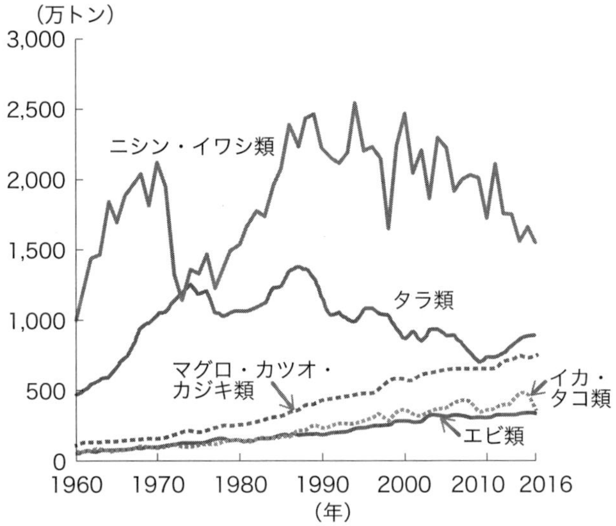

図に見られる通り、北欧の中心魚種であるニシンやタラ類の減少が社会全体の危機感を生み出した。

漁業者だけでなく、加工事業者に取って原料となるニシン、タラの減少は深刻な問題を引き起こした。

ユニリーバ社がMSCの設立を支援したのは、同社の主力事業の一つである水産冷凍食品の原料となるタラ類の資源を守らなければ事業の持続性が担保できないとの判断があったとされる。

図I.1　世界の漁獲量推移（資料：平成29年度漁業白書）

③　漁業の管理体制、対象魚種の持続可能性、生態系保全の3つの要素に基づいた基準

持続可能な漁業とそれに続く流通・加工のトレサビリティに関する基準を定めた。FAOのガイドラインでは、水産エコラベルは「スキーム・オーナー（運営主体者）が、FAOの原則に沿って認証規格等の基準を自主的に設定し、独立した第三者機関がその基準に則り審査を行い責任ある漁業者（事業者）を認証する仕組みとなっており、認証された水産物には目印となるロゴマークを付けることで差別化できる」制度と言うことになる。

FAO のガイドラインが採択されると、世界で一斉に水産エコラベルの立ち上げが始まった。2006 年にはイタリアで Friend of the Sea が設立され、南欧、北アフリカから活動を開始した。同年アメリカでは Sustainable Fisheries Partnership が設立された。アメリカでは著名な基金が環境保全、水産資源保護を積極的に支援しており、産業側も折からアメリカ社会に浸透しつつあった CSR（Corporate Social Responsibility：企業の社会的責任）への対応として研究機関との提携やエコラベルへの取り組みが急速に進んだ。

水産エコラベル認証とは別の活動として、水産物の持続的利用に関する消費者啓蒙のため、水産物格付制度への取り組みが始まった。1999 年に発足したアメリカのモントレー水族館による「Seafood Watch」が小売業、外食産業と提携して活動の先鞭を切った。その後、多くの組織が格付けに参加し、欧米だけでなく、中南米、オセアニア、日本にも拡がりを見せている。2016 年にはモントレーベイ水族館の提唱で、10 か国 12 団体が参加して Global Seafood Rating Alliance が発足した。

4. FAO が乗り出す前

そもそも、工業製品の規格を統一し、表示しようという動きは 1926 年に設立された ISA（万国規格統一協会）から始まり、戦時の中断を経て 1947 年に設立された ISO（国際標準化機構）につながる。日本では、輸出を国是とする行政と海外に市場を求める産業を背景として、1921 年に工業品規格統一調査会が設置された。さらに 1949 年に成立した工業標準化法に基づき日本工業標準化調査会が発足し JIS 制度が始まり、1952 年には国際組織である ISO に加盟した。その後も、1995 年に発効した WTO/TBT 協定（貿易の技術的障害に関する協定）に沿って国際規格との整合化が行われてきた。

一方、農林水産物については、1950 年に JAS 法が制定され、農林水産物及びその加工品の品質保証規格である JAS 制度がスタートし、JAS 規格を満たすことを証する

JAS マークが登場した。

水産物に対するエコラベルという視点では、マグロ巻網漁業のイルカ混獲防止への活動を原点とする、1990 年に制定されたアメリカの「イルカ保護と消費者情報に関する法律」と共に生まれた Dolphin Safe がある。この法律は、長い歴史を持つアメリカの動物愛護運動を背景に成立しており、アメリカ自身もマグロ漁業国であったが、世界最大のマグロ缶詰の市場であるアメリカと輸出国であるメキシコの国家間の紛争に発展、GATT に提訴され争われたが、1998 年に IATTC（全米熱帯マグロ類委員会）で採択された「国際的イルカ保全プログラムに関する協定：AIDPC（アメリカ、メキシコ他 11 か国が加盟）」成立と共に沈静化した。現在アメリカ市場で販売されるマグロ缶詰には Dolphin Safe のロゴがついている。イルカ保護のラベルはアメリカだけでなく、ニュージーランド、オーストラリア、オランダ、イギリスでも夫々独自のものが用いられている。

エコラベルにはもう一つのルーツがある。それはオーガニック商品に対する認証制度である。その歴史は古く、1924 年にドイツでバイオダイナミック農法を推進する生産者団体 Demeter が設立され、1946 年には自主基準による認証制度をつくり活動は世界に広がってゆく。一方、オーガニック商品に関する国際機関 IFOAM（International Federation of Organic Agriculture Movement、国際有機農業運動連盟：国連の認定 NGO）は 1972 年に活動を開始し、世界 100 か国、800 以上の団体が加盟している。

1991 年に、コーデックス委員会（FAO と WHO：世界保健機関の合同委員会）でオーガニック食品に関するガイドライン作成が開始され、1999 年に採択された。日本では、1999 年、改正 JAS 法に基づきオーガニック農産物及びその加工品に JAS 規格が定められ JAS マークが表示されることになった。

Naturland は 1982 年にドイツで設立されたオーガニック商品の認証制度で、活動は基本的には農産物が対象であったが、その中で、1995 年にコイのオーガニック養殖認証を開始した。養殖場の生態系保全、対象種の動物愛護、飼料となる資源の管理の観点からの取り組みを進め、オーガニック商品や環境保全意識の高い地域社会の支持を受け、1996 年にはサケ、2001 年にはエビに活動を拡げるとともに漁業認証にも着手している。

5. 認証制度の確立

水産物に関する認証制度は、2005 年の FAO のガイドライン採択を契機に拠って立つ基準が固まり、世界に広がり始める。FAO は漁業認証について 2009 年に改訂を行い、2011 年には養殖及び内水面漁業に関する認証スキームのガイドラインを策定し、制度として充実させてゆく。

水産エコラベルの先駆けとなった MSC は、2018 年 7 月までに世界 36 か国で 358 漁業（日本は 3 漁業）を認証し、認証取得漁業の漁獲量は 1,000 万トン、流通加工認証取得企業数は世界で 4,329（日本は 191）と圧倒的な地位を構築した。さらに、FIP（Fishery ImproVement Project）等を通して、認証取得が難しい小規模の漁業の支援を行っている。

養殖業については、1997 年にアメリカで GAA（Global Aquaculture Alliance）によってエビ養殖に関する認証スキームが立ち上がり、2002 年には同団体が認証規格を策定、2003 年に認証プログラムとしての BAP（Best Aquaculture Practice）が開始された。以降活動域を中南米から一部ヨーロッパ、中近東まで広げていた。

FAO の養殖認証は、関係する国際協定：国際獣疫事務所（OIE）の規格、FAO の行動規範、世界保健機関（WHO）の規則等との整合を視野に入れ、①

動物衛生及び福祉、②食品安全、③環境保全、④社会経済的側面についての基準をカバーすることを定めている。

2010年にはASC（Aquaculture Stewardship Council）がWWFとIDH（Sustainable Trade Initiative：持続可能な貿易イニシアティブ）の支援で設立され、ヨーロッパだけでなく中南米や日本を含むアジアで活発な活動を開始し、認証された養殖水産物の時代到来を予感させた。

6. 日本での動き

日本においては、2001年に水産基本法が制定され、その理念として水産資源の適切な保存及び管理が盛り込まれた。世界の大きな流れの中、2007年にMSCが日本事務所を開設し活動を開始、同年マリン・エコラベル・ジャパンが大日本水産会の中に設立され漁業、流通加工認証に取り組みはじめ、日本でも水産エコラベルの時代の幕が開いた。

2014年にはAELが日本食育者協会により立ち上げられ養殖、流通加工認証を、2017年にはASCが日本事務所を開設した。また同年、持続可能な水産養殖のために、これまでとは異なった視点から種苗認証制度を取り入れたSCSA（持続可能な水産養殖のための種苗認証協議会）が設立され活動を開始した。

日本は、歴史的に水産資源は地域社会の中でルールを設け守る（自主管理措置）が実践されてきたため、水産エコラベルという考え方は馴染まなかった。2007年から活動を開始したマリン・エコラベル・ジャパンは2016年までに24件の漁業認証と51件の流通加工認証を決定、公表したが、社会、殊に消費者の認知は高まらなかった。

事実、2016年農水省による「水産エコラベルに関する認知度調査」の結果を見ても、

・ロゴマークを知っている：

消費者　10.2%、漁業者　9.2%、流通加工所業者 17.9%

・見たことはあるが意味は知らない：

　消費者　21.4%、漁業者 18.6%、流通加工所業者 20.9%

・知らない

　消費者　68.3%、漁業者 72.2%、流通加工所業者 60.9%

のデータが示す通り水、水産コラベルそのものが充分存在感があるとは言えなかった。

2016年5月、自民党水産政策小委員会（当時）において、2020年東京オリンピック・パラリンピック及び水産物輸出促進への対応として水産エコラベルの課題が議論され、有識者による検討会を経て、スキームの国際標準化は日本にとって避けて通れないとの結論となった。これを受け、スキーム・オーナーであった大日本水産会は、スキームを独立させ一般社団法人化することを決定し、同年12月に「一般社団法人マリン・エコラベル・ジャパン協議会(MEL)」が設立された。

新出発したMELは旧組織の認証者を引き継ぎ、活動を開始した。MELは、漁業、養殖、流通加工の認証をカバーするスキームとし、さらに、水産エコラベルのグローバルベンチマークツールを開発し、国際的プラットホームとして活動を開始していたGSSI承認を得ることで、「日本発の世界で認められる水産エコラベル」として日本の水産業の新たな発展に資することを目指した。

2017年4月に閣議決定された水産基本計画に「水産エコラベルの推進」が盛り込まれ、日本の水産政策の柱の一つとしてとして政治、行政、産業を挙げて取り組むこととなった。MELは、国際標準化の方針に沿い定款、管理運営規則から認証規格等スキーム文書全てを見直した上、2018年9月にGSSIに承認申請をした。同時に、GSSIのグローバルベンチマークツール（Global Benchmark Tool）の要求に従って、認証機関である公益社団法人日本水産資源保護協会（日水資）が国際的認定機関である公益財団法人 日本適合性認定協会（JAB）による審査機関の認定を受けることとした。

現在（2019年4月）、日水資はJABの認定を取得し、それを受けてMELがGSSIの承認審査の過程にある。

また、2018 年から、水産研究・教育機構（水研機構）と東京大学、東京海洋大学、大日本水産会の共同事業である「認証審査関係情報の収集システム及び入力データ利用システムの構築」が実用化に向け動き出した。このシステムは、

① 水研機構の「SHUN（Sustainable, Healthy and Umai Nippon Seafood）」プロジェクトで収集・整理されてきた文献情報を管理し、効率的に検索する「SH”U”N プロ情報サーバ」と

② 水産物認証取得を支援する「MUSESC（水産エコラベル認証審査支援システム）」サーバ

から構成される。いずれもクラウドネットワーク上に実装される仕組みで、日本の水産業の多様な実態に鑑み、全国に分散する研究機関や大学等が蓄積するデータに効率的にアプローチできることで、認証審査において求められる科学的データ収集に役立つことが期待される。なお、実用化推進のための組織が準備されつつあり、メンバーとして MEL だけでなく MSC、ASC も参加することが予定されている。

7. GSSI の設立

この間、世界の動きはさらに先に進んでいる。2008 年に、北米で海洋環境・水産資源問題に取り組んでいる 18 の調査・研究機関が「Conservation Alliance for Seafood Solution」を結成し、

① 漁業、養殖の改良、改善

② 水産物取引の透明化

③ 消費者の啓蒙

④ 行政の政策推進支援等

に関し共通の理念の下に取り組みをはじめた。2018 年現在、活動は南米、ヨーロッパ、日本にも広がっている。

Conservation Alliance for Seafood Solution 結成時のメンバーには多彩な名前が見え、社会への影響力の大きさが伺える。

図I.2　Conservation Alliance for Seafood Solution 設立時のメンバーロゴマーク

イギリスでも2011年に水産物のサプライチェーンに関わる事業者が「Sustainable Seafood Coalition」を設立し同様の取り組みを開始した。

セクターを超えた協働の輪が世界に生まれつつあることは好ましく、一家言ある人たちの集まりから生まれる成果に期待したい。

このような協働が進行する中で、水産エコラベルのスキームの数は増加を続け、世界で140以上が乱立の状態に至った。スキームの数が多いことは利用者である事業者あるいは消費者にとって混乱と不経済を招く元になる。そこで、2013年にドイツ政府機関（GIZ：ドイツの国際協力公社）呼びかけで水産エコラベルの国際的プラットホームとして、認証スキームの信頼性確保と普及・改善を目的としてGSSI（Global Sustainable Seafood Initiative：持続可能な水産物のためのグローバル・イニシアティブ）が設立され、FAOの「責任ある漁業のための行動規範」、「水産エコラベルのためのガイドライン」に準拠し、「ISO規格」に沿って開発されたグローバルベンチマークツールを使って既存のスキームの審査・承認サービスを開始した。本部はオランダにあり、活動を財政的に支援するファンディング・パートナーとして、現在（2019年4月）世界から90以上の団体、企業が参加しており（日本からも4企業・団体が加わっている）、国境を超えた存在となっている。

現在（2019年4月）、GSSIは世界で漁業認証スキーム4件、養殖認証スキーム4件を承認している。うち、アメリカが3件と突出している。

表1-1 GSSIが承認した認証スキーム

ASMI RFM（アメリカ：漁業）	2016年7月
アイスランドRFM（アイスランド：漁業）	2016年10月
MSC（イギリス：漁業）	2017年3月
BAP（アメリカ：養殖）	2017年10月
グローバルG.A.P.（ドイツ：養殖）	2018年4月
ASC（オランダ：養殖）	2018年9月
G.U.L.F.RFM（アメリカ：漁業）	2018年10月
BIMCQA（アイルランド養殖）	2019年2月

前記の通り、2012年に開催されたロンドンオリピック・パラリンピックにおいて公式に使用される木材・紙製品及び水産品はFSCまたはMSCに認証されたものであることが求められた。この流れはリオ・デ・ジャネイロ、さらに東京とつながっている。オリンピック・パラリンピックだけでなく、貿易面でも欧米への水産物輸出にはHACCP認証と共に水産エコラベル認証が必須となりつつある。この背景には世界の主要小売業、外食産業がCSRの観点で設けている商品、食材調達基準に、GSSIに承認されたスキームの認証がついていることを定めていることもあり、今後、GSSIの承認の重要性が高まると思われる。

次の課題は、GSSIの承認を受けたスキーム間の相互承認となる。各スキームは設立の背景が異なり、また国益を背負っている面もあるだけに合意は容易ではないが、地道に議論を進めることが求められる。

8. さらなる動き

今、水産業を取り巻く3つのキーワードを挙げるとすれば、

① CSR（Corporate Social Responsibility：企業の社会的責任）

② ESG（Environment、Social、Governance：環境、社会、企業統治）

③ SDGs（Sustainable Development Goals：持続可能な開発目標）

であろう。産業や企業が社会に対して果たすべき責任は限り無いと言ってよいかもしれない。

今や養殖業は人類の「食」を支える重要産業になりつつあるが、一方で、飼料、薬品、環境負荷といった問題も抱えている。2013年ヨーロッパのサケマス養殖に関係する主要企業15社が集まってGSI（Global Salmon Initiative）を結成し、毎年サステナビリティレポートを発行、サケマス養殖業界の持続可能性と透明性を訴える活動を開始した。

日本でも、この動きを受けて、2018年に日本ブリ類養殖イニシアティブ（Japan Seriola Initiative：JSI）が5社によって設立された。関連業界や研究機関とも協働しながら、日本独自の養殖魚であり、かつ輸出魚として一層の伸長が期待されるブリの養殖生産の持続可能性と透明性を日本だけでなく国際社会に訴える活動を始めている。

サケマスについては、認証養殖魚の中心的存在であり、ブリもASCの認証を取得した企業が出ている。この様な動きの中、2018年夏、日本で開催されたSEABOSS（Seafood Business for Ocean Stewardship）の軽井沢ダイアログにおいて、世界の主要水産会社10社のCEOが海洋の健全性改善と水産物の持続的利用に関し主導的役割を果たすことをコミットした。SEABOSSは2016年にスウェーデンのストックホルム・レジリエンス・センターの呼びかけで設立された集まりであり、日本の大手水産会社や大手商社の現地会社もメンバーである。

これ等の活動は、業界の中でライバル関係を超えてあるいは同じ価値観を持つ人たちが協働して産業活動の社会性を追求する動きであり、今後さらに加速

すると思われる。

9. 水産エコラベル認証が直面する課題

世界の水産物の貿易は拡大し続けている。図 I.3 に見られる通り、輸出側は生産面での様々な制約により多国化が進み、また輸入側も魚食の世界的普及により分散化しており、今後もこの傾向は強まるであろう。水産物貿易において、既に欧米諸国向けは HACCP に加え水産エコラベル認証が必須とされて

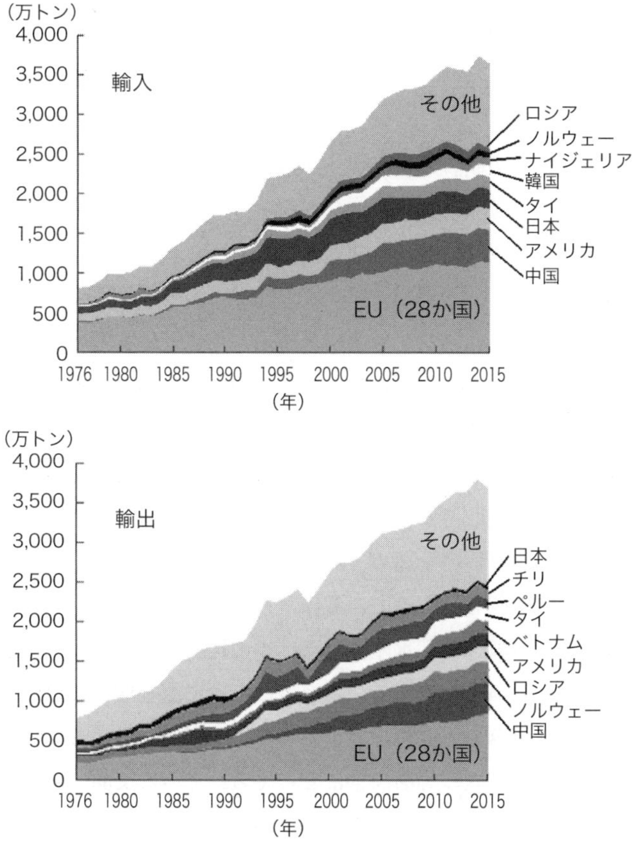

図 I.3　世界の水産物貿易量推移（資料：平成 29 年度水産白書）

いるが、この動きは貿易中継国や加工して輸出する国にも広がるであろう。しかし、世界に水産物の貿易の構図が複雑になるに従って様々な難しさが生まれることも否めない。

水中で生息する水産物の資源管理は陸上の動植物に較べはるかに難しい。近年の激動する気候変動は資源量だけでなく生息域や生態に深刻な影響を与える。特に発展途上の国々において、水産業は自らの食糧供給源としての存在であるとともに輸出を通して国家経済を支える基幹産業でもある。これらの地域にとって、資源の持続性もさることながら、地域の生活を持続させることとのバランスも切実な課題であることを銘記しなければならない。

水産エコラベル認証は、過去20年以上にわたり様々な議論が行われてきたが、FAOのガイドラインによって一つにまとまったわけではない。認証基準への考え方の違いや関係者の利害関係を乗り越えて、大局的な合意形成への真剣な議論を行うべき段階に入っている。

水産エコラベルは貿易における非関税障壁となる一面も有している。国際的商取引の現場では、既に水産エコラベル認証取得済みの提示が求められており、特に輸出志向の高いアジアや中南米諸国の生産者は多重の認証取得を強制される場面が起きており、弱者にとって経済的にも深刻な問題である。

日本においては、独特といえる魚種、漁法、加工・流通、食文化の多様性と国際標準との整合は決して容易ではない。また、認証取得が偏っており、有数の水産都市でさえ認証取得が皆無という現状にある。沿岸漁業だけでなく、沖合漁業についても認証取得を進め、加工・流通を含めた地域ぐるみの取り組みが地域ブランドの価値を高めるであろう。

日本のもう一つの課題は、水産エコラベルの社会や消費者への浸透が欧米諸国に比べ圧倒的に低いことである。事業者にとって認証取得の目的は、水産エコラベルへの取り組みの意欲の高い事業者では①利益が増える②経営が改善される③事故の防止に役立つ等前向きにとらえられている反面、消極的な事業者にとっては①必要性を感じない②売り上げが伸びるとは思わない③費用がかかる上面倒であるであると受け止められている。（農水省による2016年調査）

残念ながら、資源を守ることで自らの仕事の将来を担保するという強い意志が感じられない。また、日本では消費者接点を持つ小売業、外食産業の認証取得は一部の事業者に限られており、一般消費者にとって認証が身近な存在とは言えない。今後、消費者の水産エコラベルの社会性への理解促進や、認証水産物に意味や魅力を感じる施策をしっかりと浸透させることが求められる。

10. まだ見えていないこと

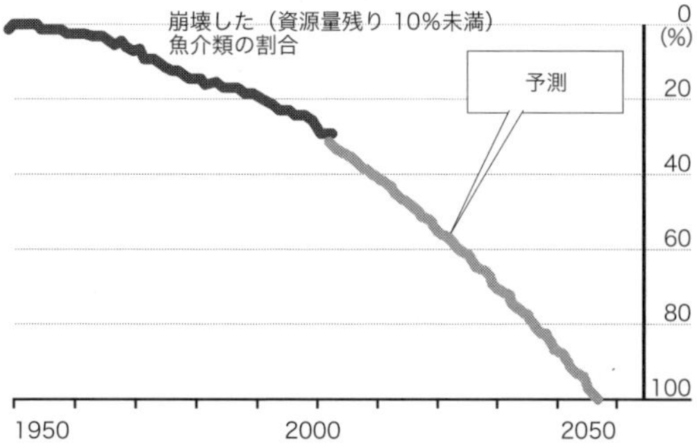

いくつかの研究は、乱獲が世紀の半ばに海洋生物種の壊滅的な損失につながる可能性があることを示唆している。

図 I.4　魚のいない未来

水産エコラベルにとって理念は崇高でも、これまでの現実は必ずしも平坦ばかりではなかった。2006 年 11 月。アメリカのニューヨークタイムズは 1 面で水産資源の崩壊を大々的に報道した。「A future without fish：魚のいない未来」というセンセーショナルなタイトルの下「このまま放置すれば 2048 年までに乱獲により世界の水産資源は崩壊する」の記事は業界のみならず社会を震撼させた。この記事は Boris Worm 博士の論文を引用したものであったが、後に科学者間の議論の末、2011 年頃には、いったん適切な管理が行われれば水産資源は持続可能であるというところに落ち着いた。その後も、資源と管理に関する議論は続いており、「NATURE」や「SCIENCE」等の科学雑誌にも次々新しい論文が登場する。

2018 年 3 月、国連の科学者組織「生物多様性及び生態系サービスに関する政府間科学政策プラットホーム（IPBES）」は、アジア・太平洋地域の報告書を発表し「乱獲や収奪的な漁業、環境負荷の高い養殖が沿岸や海洋の生態系の脅威になっており、現状の様な水産業のあり方では 2048 年までに漁獲可能な魚はいなくなる」と警告している。

では、科学者による資源調査研究結果はどの様に報告されているか？

カルフォルニア大学サンタバーバラ校 Costello 教授の最近の論文[1]では、世界の 4,000 以上の漁業資源（世界全体の漁獲量の 78% をカバー）の現状を分析した論文によれば、約 32% の資源は生物学的に健全な状態にあるが、低迷した状態の資源に高い漁獲圧力がかかっているものが多いとしている。しかし、改善が必要な漁業資源については、より適切な資源管理に移行することで、資源的・漁業的な利益の増大に期待できることも示唆されている。

日本の資源に関しては、国立研究開発法人水産研究・教育機構の市野川桃子主任研究員らが Costello 教授と同じ尺度（最大持続生産量、Maximum Sustainable Yield：MSY）で資源の健全性を評価した研究がある[2]。その結果によると、日本の主要な資源（日本全体の漁獲量の 61% をカバー）のうち生物学的に健全な状態にあるもの（資源が MSY 水準以上にある）は世界と同様に 32% であり、残りの資源は資源量が MSY 水準以下で、さらに、高すぎる漁獲圧がかかっている資源が全体の 54% を占めた。したがって、日本の資源についても同様に、より適切な資源管理に移行することで、資源的・漁業的な利益の増大が期待できる。

これらの研究に依れば、健全な資源は 1/3 に満たないが、適切な資源管理が行われれば資源は維持できることが報告されており、水産エコラベルの更なる普及の意味は大きい。

また、IUU（違法、無報告、無規制）による漁獲は世界全体の漁獲の 13 ～ 31% あると報告されており、IUU 対策は国際的な喫緊の課題となっている。環境先進国と言われる欧米諸国は、環境政策や資源保護への対応のための政策を次々提案しているが、所謂南北問題もあり、これからの水産物の持続的利用にはさらに多くの議論が待っているであろう。日本も自らの研究や実践の成果

---

1 Costello *et al.* 2016.

2 Ichinokawa, M., Okamura, H., and Kurota, H. (2017) The status of Japanese fisheries relative to fisheries around the world. ICES Journal of Marine Science 74: 1277–1287.

を積極的に発言、発信し、世界の場で議論することが求められる。

これらのまだ見えていない問題は、例えば、捕鯨問題における「持続的に利用可能な資源か、如何なる場合でも守らなければならない環境保護の象徴的な存在か」の対立や「トロール漁業や巻網漁業の禁止提案」における環境保護団体と産業の論争等、「水産エコラベル」が背負える範囲を超えて続くことも想定されるが、水産エコラベルへの取り組みは続けることに意味がある。

11. GSSI による MEL の承認

2019 年 12 月 12 日、GSSI の理事会（Steering Board）は MEL の承認を決定し、GSSI のホームページに公開した。その内容は図 I.5 のとおりである。日本では、12 月 13 日に江藤 拓農林水産大臣の定例記者会見で発表され、MEL はスキームオーナーとして、MEL ニュース号外で関係者に報告するとともにホームページにアップロードした。世界で 9 番目の GSSI 承認であり、メディアでも取り上げられたが、その報道の内容は日本では概ね好意的であったものの、海外からは辛口の指摘を受けた。

2017 年 2 月に GSSI の承認取得のためのプレアセスメントを開始してから 2 年 10 か月、2018 年 9 月に承認申請書提出から 1 年 2 か月にわたる、関係者の真摯な努力の積み重ねと、日本の社会全体が一つになった水産物の持続的利用に責任を持つという覚悟と行動によって、ようやく得られた承認と評価することができる。

MEL の GSSI による承認は、GSSI が FAO の責任ある漁業のための行動範囲と水産エコラベルガイドラインに沿って開発した Global Benchmark Tool に基いた Benchmark Process を通して行われた。その概要は図 I.6 のようになる。

MEL にとって、GSSI の承認取得は、MEL が国際的に認められるための第一歩であるが、同時に関係者がそれぞれの責任を果たす厳しい自己管理と活動が求められることを意味する。

アジアから初めての申請であったこともあり、審査過程の重要なステップで

GSSI
GLOBAL SUSTAINABLE SEAFOOD INITIATIVE

V2

THE GLOBAL SUSTAINABLE SEAFOOD INITIATIVE

recognizes the **Marine Eco-Label Japan (MEL) V2 Scheme for Aquaculture and Fisheries**

HAARLEM, The Netherlands, 12 December 2019 – The Global Sustainable Seafood Initiative (GSSI) has provided formal recognition of the Marine Eco-Label Japan (MEL) V2 scheme for the scope of Aquaculture and Fisheries.

GSSI's recognition shows that their Aquaculture Management Standard (Version 1.0, 2018) and Fisheries Management Standard (Version 2.0, 2018) are in alignment with all applicable Essential Components of the GSSI Global Benchmark Tool (version 1.0, 8 October 2015).

The Tool is underpinned by the FAO Ecolabelling Guidelines and the FAO Technical Guidelines for Aquaculture Certification. It consists of performance areas related to scheme governance, operational management (including chain of custody) and applied aquaculture farm and wild-capture fisheries audit standards.

The Marine Eco-Label Japan scheme is the ninth seafood certification scheme to be benchmarked against GSSI's Global Benchmark Tool and to achieve recognition. Products certified by the recognized standards can be identified by a special logo including the V2 mark.

【訳】

養殖漁業のための海洋エコラベルジャパン（MEL）V2 スキームを承認

HAARLEM、オランダ、12 月 12 日 2019 年 Global Sustainable Seafood Initiative（GSSI）は、マリン・エコラベル・ジャパン（MEL）養殖・漁業認証 V2 を承認

HAARLEM、オランダ、2019 年 12 月 12 日世界水産物持続可能性イニシアチブ（GSSI、オランダ、ハーレム）は、マリン・エコラベル・ジャパン（MEL）の養殖と漁業認証 V2 の正式な承認を公表しました。

GSSI の承認は、養殖管理規格（Ver.1.0, 2018）及び漁業管理規格（Ver.2.0, 2018）が、GSSI グローバルベンチマークツール（Ver.1.0, 2015 年 10 月 8 日）の該当するすべての必須要求事項と整合していることを示します。

このツールは、FAO エコラベリング・ガイドラインと養殖認証のための技術ガイドラインが根拠となっています。これは、スキームのガバナンス、管理運営（CoC 含む）並びに養殖と漁業の審査基準に関連する分野で構成されています。

マリン・エコラベル・ジャパンは、GSSI グローバルベンチマークツールを通じて承認された世界で 9 番目の水産認証スキームです。承認された規格で認証された製品は、V2 マークを含む特別なロゴで識別できます。

図 I.5　GSSI による MEL の承認

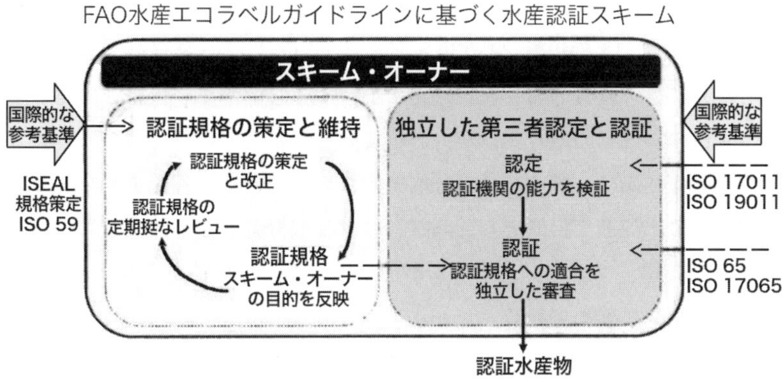

GSSIの基準
<Essential Component>

A(Governance)	43項目	186項目
B(Management)	42	
C(Aquaculture)	41	
D(Fisheries)	60	

図Ⅰ.6　FAOのガイドラインに沿って開発したグローバルベンチマークツールに基くベンチマークプロセスの概要　(出典：GSSI資料をもとにMELが作成)

あるパブリックコメント（Public Consultation）には世界の7個人/団体からGSSIの審査で過去最も多い合計117件のコメントが寄せられた。パブリックコメントはGSSIのWeb上に公開されたベンチマーク委員会の報告書に対して、2019年7月1～30日に行われたが、コメントの件数の多さは日本の漁業の取り組みに対する注目度の高さを示すと同時に、水産エコラベルが社会の厳しい監視下にあることを感じさせた。

GSSIの理事会からも、承認決定にあたっていくつかの注文がついている。特に、承認公表のホームページに明示されている通り、認証品に付するロゴマークに関しては、MELのロゴマークは日本では登録済商標（海外は申請中）であるが、今回GSSIが承認した漁業認証及び流通加工認証のVer.2.0、養殖認証のVer.1.0について、旧認証（漁業及び流通加工のVer.1.0）と承認した新認証を区別するため、旧認証が存在する移行期間（2021年1月31日まで）の間はロゴマークの傍らにV2と表示することが求められている。

なお、2019 年 12 月 31 日現在の MEL の認証件数は漁業認証 2 件、養殖 11 件、流通加工 11 件の計 24 件にとどまっている。認証審査をスムーズに運営するためには、審査の質と量を適正に維持する必要があり、認証機関の複数化と審査員の養成への取り組みが行われている。

また、広報活動は、国内では認証取得のための講習会や各種イベントに、海外は認証品輸出促進を目的とした商談会に認証取得者とともに積極的に参加する他、国際会議、シンポジウム等に参加し、日本の多様性を取り入れた MEL の仕組みの紹介に努めている。

水産エコラベルは 2019 年に入り、SDGs や ESG の社会への浸透もあり、日本の社会の中で市民権を得つつある様に思いえる。もちろん、消費者との接点である小売業や外食産業に納得されるだけのロゴ付きの商品の供給体制ができ上がったわけではないが、徐々に消費者を巻き込む素地は整いつつある。

現在、日本で活動中の水産エコラベルは、MEL、MSC、AEL、ASC、SCSA の 5 つであり（図 I.7）、内外のスキームがその主張を競う時代となっている。

MEL にとっても、スキームの持続を維持出来る様、「日本発の世界が認める水産エコラベル」としての基礎を固め、次の課題である GSSI の MOCA (Monitoring of Continued Alignment ＝認証の維持審査）をクリアし、事業者と消費者、社会のお役に立てるための行動を追求する段階に入りつつある。

令和元年（2019 年）は、人類が初めて月面に着陸した壮挙から、また私たちに「成長の限界」を提案した「ローマクラブ」が設立されてから数えてちょうど 50 年の節目の年である。アポロ計画は「月に行く」という強い意志を実現させたものであり、ローマクラブは自らが持続的な社会をつくるという意志を人類が持つことを求めてきた。どんなに小さな一歩でも、強い意志が込められていれば、いずれは社会を動かすことができる。「水産エコラベル」もまた人類が半世紀をかけて生み出した「英知の結晶」なのである。

自然の恵みである魚介類を、無駄なく最高の状態で、持続的に世界の人々に

マリン・エコラベル・ジャパン（MEL）
- 漁業，養殖業，CoCを認証
- 日本発で，日本の水産業を認証
- 漁業Ver.2.0：2件，養殖Ver.1.0：11件，CoC Ver.2.0：11件

養殖エコラベル（AEL）
- 養殖業，CoCを認証
- 日本発で，日本の水産業を認証
- 養殖：41件，CoC：25件

水産養殖のための種苗認証協議会（SCSA）
- 人工種苗による養殖業を承認
- 日本発で，日本の養殖業を承認
- 養殖：4件，CoC：6件

海洋管理協議会（MSC）
- 漁業を認証
- イギリス発で，世界の水産業を認証
- 漁業：世界 417件，日本国内 5件
- CoC：世界 4,951件，日本国内 262件

水産養殖管理協議会（ASC）
- 養殖業を認証。サーモン規格でGSSI承認
- オランダ発で，世界の養殖業を認証
- サケ，エビ，ティラピア，パンガシウス（ナマズ類），マス，アワビ，二枚貝（カキ，ムール貝，アサリ，ホタテガイ）
- 養殖：世界 848件，日本国内 8件
- CoC：世界 2,694件，日本国内 142件

図 I.7　日本で活動している水産エコラベル（2019 年 11 月）

提供するために、水産エコラベルの果たすべき役割は非常に大きい。

水産エコラベルの活動は、国連海洋法条約、FAO の「責任ある漁業のための行動規範」と「水産エコラベルのためのガイドライン」に盛り込まれた精神と理念に基づく諸規定に沿って実施されていくことになるだろう。国際社会で、日本国内で、そして一人ひとりが強い意志を持ち、この英知の結晶を実践していくことで、人類の未来を支え続けることができるであろう。また、日本の水産業にとって多様な自然の恵みであり、事業者の拘りの産物である水産物を世界で輝かせるために、水産エコラベルの果たすべき役割は大きい。水産業を人類と社会のための存在と定義するなら、水産エコラベルは正に社会にとってなくてはならないインフラである。

コラム１　なぜエコラベルが欧米の消費者に支持されるのか

既に古典の域に入った自然破壊への警告書がアメリカにある。

1962 年に、海洋生物学者であったレイチェル・カーソンによって書かれた

「沈黙の春」（日本語の初版は「生と死の妙薬」、1964 年に出版された、その後「沈黙の春」として 2001 年に発行された）である。

カーソンがこの本を書き始めたのは 1958 年春のことだった。ある人がカーソンに手紙をよこし、周りの自然から次々と生き物の命が消えていることを訴えた。1959 年当時、日本でも水俣病が社会問題となり（公式に原因が究明されたのは 1968 年）公害防止に取り組む原点となっていた。1970 年の臨時国会で公害問題が集中審議され、法整備と対応組織設置が決まった。

カーソンは農薬汚染を訴え、世界最大の農業国であるアメリカの行政、農業界と農薬業界及び加工食品業界との壮絶な戦いの末、自然や環境保護に一石を投じたが、その結果を見届けることなく、1964 年にガンでこの世を去った。

現在、アメリカは世界で最も進んだ環境保護国の一つである。それを支えるのは、かつてのカーソンの孤独な戦いをルーツとする社会と国民の意識である様に思える。

2007 年、ヨーロッパの環境先進国を自任するスウェーデンのイサベラ・ロヴィーンによって書かれた「沈黙の海」がスウェーデン・ジャーナリスト大賞と環境ジャーナリスト大賞を受賞した。レイチェル・カーソンの死から 40 年余のことであった。ロヴィーンは科学者ではなくジャーナリストだったが、徹底した現場取材で、ヨーロッパの漁業が直面している課題を赤裸々に描き、漁業や水産資源管理が余りに杜撰に行われていることを伝えヨーロッパに人々にショックを与えた。

ロヴィーンは「沈黙の海」で漁業制度への提言、IUUや混獲魚の投棄問題、また養殖の環境への影響にも付言している。

1963年生まれのロヴィーンは、カーソンの生まれ変わりの年代であるが、カーソンを尊敬する彼女は本の題名も「沈黙の春」を引き継ぎ「沈黙の海」としたという。

「沈黙の海は」全ヨーロッパで読まれ（日本版は2009年発刊)、ヨーロッパの人々の水産資源保護意識を一気に高める役割をした。

現在、ロヴィーンはノルウェーの副首相を務めている。

・・・・・・・・・・・・・・・・・・・・・・・・・・・・・・・・・・・

では日本にはこのような警告書がなかったのだろうか？

2007年、岩波新書から出版された井田 徹治著の「ウナギ―地球環境を語る魚―」がある。井田は科学ジャーナリスト（共同通信社記者）で地球環境、水産資源、生物多様性等の問題に長年にわたり取組んで来た経験からの労作である。内容は「沈黙の海」に勝るとも劣らないが、残念ながら「沈黙の海」の様にベストセラーにはなっていない。

あとがきの「日本人はどこかでウナギとの付き合い方を間違ってしまったのではないだろうか。小川や水田、溜池や干潟といったウナギにとって重要な場所を次々と破壊した結果、ウナギはいつの間にか遠い存在になってしまった」は、以って銘ずべき指摘である。多様な生物資源を自然の恵みとして享受する日本人にとって、環境と資源を守る大切さを感謝とともに忘れてはならない。

Ⅱ
認証制度の概要と関係性

Ⅱ-1 MEL：マリン・エコラベル・ジャパン
(Marine Eco-Label Japan)

日本でもとうとう農林水産業の国際認証取得が欧米に比べ遅れていることが社会から厳しい指摘を受け始めた。SDGs実現への貢献が求められる中、水産エコラベルの推進は、日本の政治、行政、産業、社会にとって待ったなしの課題である。

日本における水産エコラベルの源流であるマリン・エコラベル・ジャパンは2007年12月大日本水産会の組織として設立された。この経緯は前節で触れたので、ここでは現在の組織とスキームである一般社団法人マリン・エコラベル・ジャパン協議会（MEL）についてのみ記述する。

1．MELが考えたこと

MELは2016年12月に設立された。以来1年半、様々な関係者の意見を伺い、「私たちに何ができるか？」を問いながらあるべき姿を模索して来た。

まず「日本に集中し、日本発に拘る。日本の事業者のお役に立てる、日本の消費者の皆様と社会に支持いただける仕組みをつくる」がMELの行き着いた答えである。

日本は多様性に恵まれた国である。この多様性こそが日本の自然と水産業の特長であり、強みにしなければならない。国土の面積は世界で61位だが、EEZの面積は6位、海岸線の長さも6位、4つのプレートがぶつかり合う変化に富む地形に存在する6,000余の島々と、温暖な気候がもたらす降雨が大小5,000余の河川を通じ海に流れ込み豊かな生態系を形成する。更に、日本周辺の海域には世界の15,000種の海水魚のうち25％に当たる3,700種が生息している。産業的にも、魚種の特性に合わせて460種の漁法が存在し、それぞれの魚種、漁法に合わせた加工法と食文化がそれぞれの地方の色を醸し出している。

水産エコラベルとして後発のMELにとって、この特長を前面に出し、世界に向けて発信することで日本の水産業を輝かせ新たな発展に資することができると考えた。このことは容易ではないが、必ずやり遂げる。

2. 日本発の世界に認められる水産エコラベルをつくる

(1) 使　　命

① 2020年東京オリンピック・パラリンピック食材調達基準への対応
② 水産物の輸出促進を支える
③ SDGs（持続可能な開発目標）実現への貢献
④ 水産物を持続的に利用するという考え方を日本社会に定着させる

(2) 基本的考え方

政治、行政、産業だけでなく調査研究機関、メディア、NGO、消費者等々多様なステークホルダーが領域を超えて協働にすることにより日本の社会に定着させる。

(3) 日本社会に定着させるための要件

① MELの国際的認知と評価を高める。MELがGSSIの承認を得るととも

に、審査機関は日本適合性認定協会（JAB）の認定を取得する

② 漁業、養殖、流通加工のサプライチェーン全体をカバーし、トレーサビリティを担保する

③ 日本の自然と水産業の多様性（生物的、産業的、食文化的）の特長を反映した仕組みとする

④ 日本の食文化を守る

⑤ 仕組み、組織とも自律、自立することで、社会から安定した理解と支持を得る

(4) 水産物のもう一つの価値

水産物には基本的な食料としての価値がある。さらに、ブランド化や六次産業化等のコトに加えて、もう一つの価値＝水産エコラベルの「社会的価値」の確立が時代の要請である。

MEL はこの考えに沿って、新認証規格、漁業、流通加工は Ver.2.0（発効 2018 年 2 月 1 日）、養殖は Ver.1.0（発効 2018 年 3 月 7 日）を開発し、規格

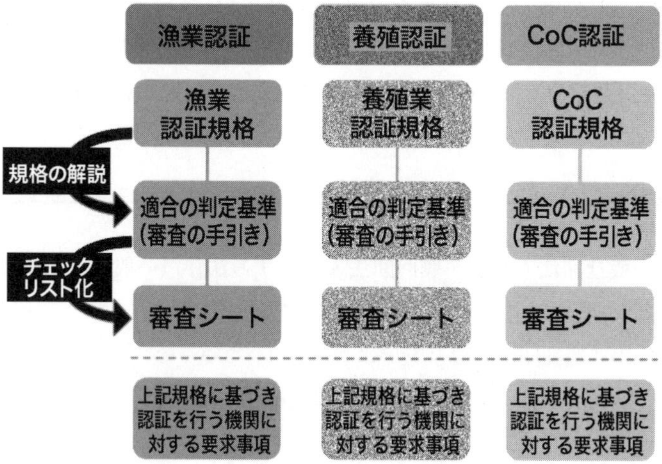

図 II.1.1 MEL 認証スキーム文章の構成

に沿って適合の判定基準（審査の手引き）、審査シート、審査機関への要求事項他各種規程類を作成し、GSSIとの8か月にわたる予備折衝を経て2018年9月25日GSSIの承認を申請した（審査機関のJABに対する認定申請は2018年7月に行っている）。

スキームとしての審査の能力を高めるため、審査機関の複数化に取り組むと共に、新規格に対応出来る様既存審査員の研修を2018年9月から継続して行っている。新規審査員の養成の仕組みつくりに着手し、2019年3月に1回目の研修を実施した。これらを改良しながら、9月に2回目の研修を、さらに2020年1月にはISOの専門家を加えたハイレベルの研修を行った。

新規格での認証は、GSSIへの承認申請に当たって必須事項であり、1件目は養殖が2018年11月22日付で東町漁協のブリ小割生簀養殖（流通加工を含めて）、漁業は12月10日付で北海道漁連秋鮭定置網漁業が決定、公表された。

2019年3月、審査機関の日本水産資源保護協会はJABの認定を受け、MELはGSSIの承認の過程のベンチマーク委員会において審査員からの審査報告がなされ、2019年6月にベンチマークレポートがホームページ上に公表され、7月に30日間のパブリックコメント募集が行われた。そして、パブリックコメントの該当事項への対応を行い、2019年12月のGSSI理事会により、MEL（新規格）はFAOのガイドラインがGSSI基準に適応していることが承認された。

3. 組織概要

MELは一般社団法人及び一般財団法人に関する法律（一般法人法）に基づき、管理運営のための定款及び諸規定・規程を定めている。

① 名　称：一般社団法人マリン・エコラベル・ジャパン協議会
　　（英文名称　Marin Eco-Label Japan Council）

② 所在地：〒107-0052　東京都港区赤坂1-9-13　三会堂ビル
　　電話　03-5545-3315／Email　info@melj

(1) 目　　的

MEL は水産資源の持続的利用や生態系の保全を図るための資源管理活動を積極的に行っている漁業者やその様な漁業者からの水産物を取扱う加工・流通事業者の取り組みを向上させること、並びに資源管理等の取り組みや加工・流通段階での水産物の取扱いについての透明化を図る事業等を行い、関係事業者や消費者の選択や信頼に寄与することを目的とする。(定款より)

(2) 業　　務

MEL の業務は、図 II.1.2 組織図の仕組みでスキームの運営を行う。認証規格を含むスキーム文書はスキーム・オーナーである MEL に設置された漁業並

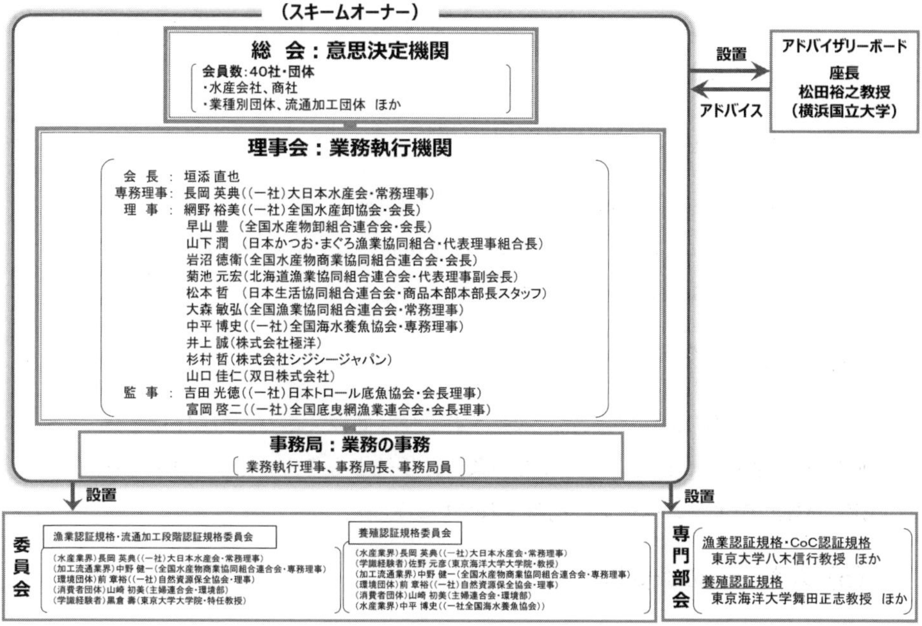

図 II.1.2　MEL 組織図（2020 年 2 月現在）
（資料：MEL 作成）

びに養殖規格委員会と専門部会及び事務局により開発され、パブリックコメントを経た上、理事会、総会の承認をもって決定される。正会員は各業界及び地理的均衡のとれた利害関係者により構成され、一般法人法上の社員であり、総会における議決権を有する。会員、役員、委員は定款の定めに従い、総会又は理事会の承認を必要とする。決定事項はMELのホームページ上に掲載される。

会員、役員、委員、認証取得者及び関係者に対する業務報告は、MELのホームページ及び毎月発行する「MELニュース」を通して行う。事務局は現在常勤3名、その他経理、総務の業務に関しては大日本水産会により職員の部分出向による支援を受けている。

この他MELは、社会からの支持を得るため多様な領域のステークホルダーから意見やアドバイスを得るためアドバイザリーボードを設立している。アドバイザリーボードメンバーは理事会に出席し、意見を述べることができる上に、日本の多様な自然と水産業、食文化を内外に発信し、日本発の水産エコラベルの存在感と日本の水産物の評価を高めることを目指している。

(3) 異議申し立て及び苦情等処理規程

MELは認証規格、認証スキーム及び業務に関する異議申し立て、苦情に対し迅速かつ公正に対応する。対応窓口は事務局とし、対応責任者は業務執行理事（専務理事）が規程に定める手順に沿って行う。

(4) ロゴマーク

マーク（図II.1.3）は協議会が所有する登録商標であり、MELロゴマーク使用・管理規程に使用に当たっての条件、手続き等を定める。（使用・管理規定はMELのホームページに掲載されている）

(5) スキームの概要図

MELのスキームの概要を、関係機関及び社会と消費者との関係で示すと図II.1.4の通りである。FAOのガイドライン及びGSSIの基準に沿っており、

商標登録の詳細は
登録番号　第5140153号（平成20年6月13日登録）
指定商品の区分　第14種、第20種、第29種、第30種、第31種

図 II.1.3　マリンエコレベ（MEL）ロゴマーク
（資料：MELロゴマーク使用・管理規程）

同時に事業者が自らの仕事を厳しく管理することが、社会の理解と消費者の信頼を得ることにつながる。

4. 漁業認証（Ver. 2.0 2018年2月1日発効）

1）MELは一般社団法人マリン・エコラベル・ジャパン協議会が運営する認証スキームであり、日本の農林水産大臣あるいは都道府県知事の許可または免許を受ける等、日本の漁業関係法令に照らして適法に行われる漁業に対して適用される。

2）MELはスキームを国際的機関であるGSSIの承認を得ることで、1995年にFAO総会で採択された「責任ある漁業のための行動規範」、FAOが2005年に採択し2009年に改定した「海洋漁業からの漁獲物と水産エコラベルのためのガイドライン（FAOのガイドライン）」、FAOが2011年に採択した「養殖及び内水面漁業に関する認証スキームのガイドライン（養殖認証ガイドライン）」、ISO規格に準拠していることを担保し、国際的に認められるスキームを実現する。

3）MELの認証審査は国際認定フォーラム（IAF）加盟の公益財団法人日本適

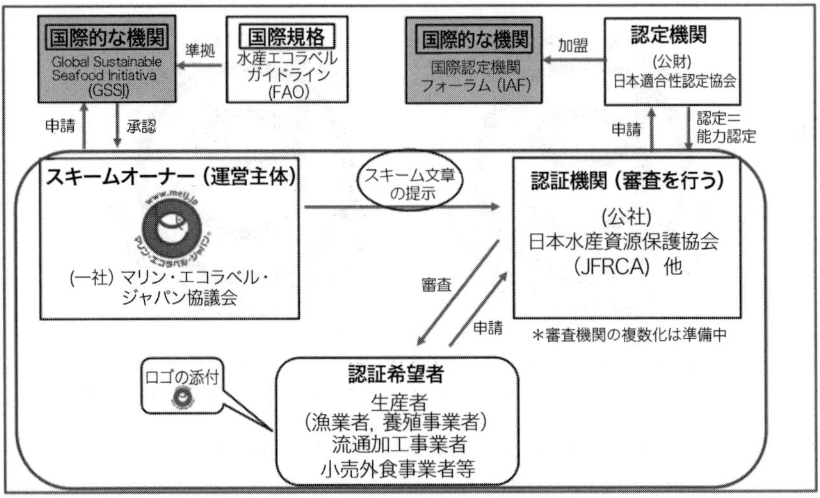

図 II.1.4　MEL のスキームの概要（資料：MEL で作成）

合性認定協会（JAB）により認定された第三者機関である公益社団法人日本水産資源保護協会が行うことで審査能力と透明性を担保する。ただし、審査機関はできる限り早期に複数化することを準備している。

4）MEL は FAO の水産エコラベルのためにガイドラインにおける以下の原則および考え方を適用し、多様な日本の水産業の実態に対応する。

・有効性が客観的に実証されている漁業者の知識についても科学的根拠とみなす。

・小規模漁業にも適用を可能とするため、小規模漁業については入手可能なデータの制約があるので、優れた管理実績に関する過去の記録についても、管理手段および管理体制の妥当性を支持する証拠とみなす。

5）認証審査に当たっての具体的指針は、規格の下の設けられる適合の判定基準（審査の手引き）、審査シート及び認証機関に対する要求事項に別途示す(MEL のホームページ上に掲載)。

6）認証を受けた漁業からの生産物は、別途定める流通加工認証（CoC 認証）の対象となる。

5. 養殖認証 (Ver. 1.0　2018 年 3 月 7 日発効)

1）MEL は一般社団法人マリン・エコラベル・ジャパン協議会が運営するスキームであり、MEL の養殖認証規格の適用の範囲は、日本の農林水産大臣あるいは都道府県知事の許可または免許を受ける等、日本の漁業関係法令に照らして適法に行われる養殖業とする。

2）MEL のスキームは FAO が採択した「責任ある漁業のための行動規範」（1995 年）、「養殖認証ガイドライン」（2011 年）に基づき、日本における養殖事業の多様性を考慮して開発された。認証については、FAO の養殖認証指針第 17 条 A~M に掲げた基本原則を適用し、国際機関である GSSI の承認を得ることで、透明性、客観性及び信頼性あるスキームを構成する。

3）MEL の認証審査は国際認定フォーラム（IAF）加盟の公益財団法人日本適合性認定協会（JAB）により認定された第三者機関である公益社団法人日本水産資源保護協会が行うことで審査能力と透明性を担保する。ただし、審査機関はできる限り早期に複数化することを準備している。

4）MEL の養殖認証規格が定める事項の実施に当たっては、科学的根拠に基

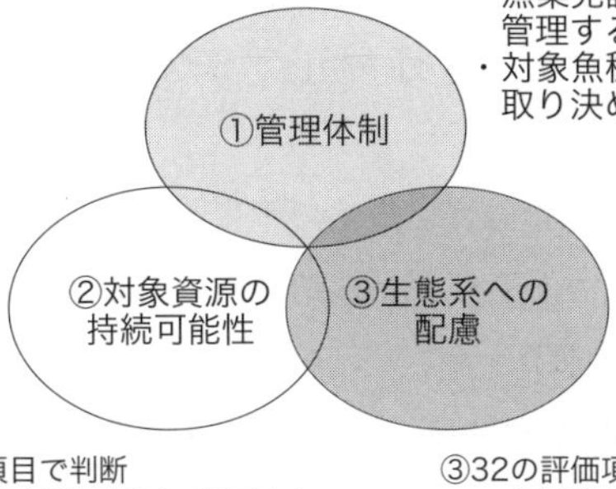

認証の範囲：同一管理規定のもと、対象漁各種及び漁法を特定して行われた漁業。
※）各原則の下に漁業種ごとに審査シートを規定し、複数の評価項目で判断する。

図 II.1.5　漁業認証の 3 原則（資料：MEL で作成）

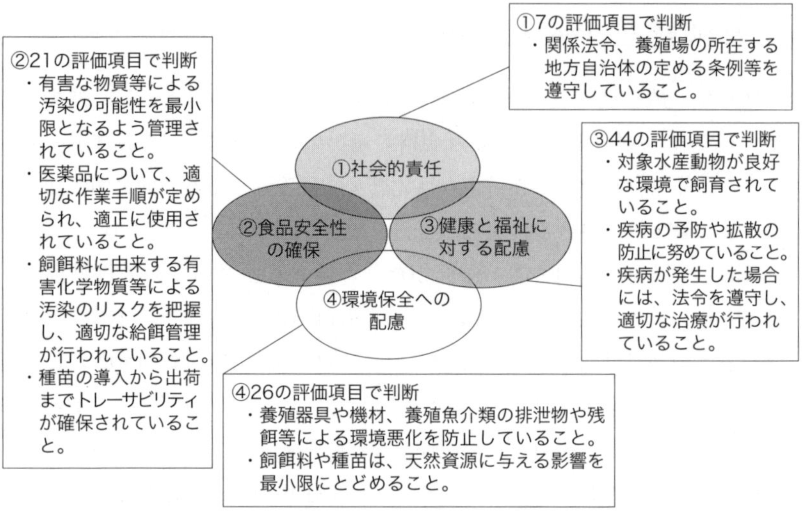

認証の範囲：同一管理規定のもと、養殖魚種及び生産方法を特定して行われた養殖業。
※）各原則の下に養殖種ごとに審査シートを規定し、複数の評価項目で判断する。

図 II.1.6　養殖認証の４原則（資料：MEL で作成）

づくことを原則とするが、養殖生産活動が人の健康と環境に対して危害を及ぼすことについての科学的根拠が十分でない場合や、必要な取組を行う上で社会的体制が確立されていない場合でもその措置が持続的な生産活動に重大な影響を及ぼすことがない範囲で、その予防に必要な措置を実施することを求める。

5）認証審査に当たっての具体的指針は、規格の下に設けられる適合の判定基準（審査の手引き）、審査シート及び認証機関に対する要求事項に別途示す（MEL のホームページ上に掲載）。

6）認証を受けた養殖業からの生産物は、別途定める流通加工認証（CoC 認証）の対象となる。

6. 流通加工（CoC）認証（Ver.2.0 2018年2月1日発効）—

1) MELは一般社団法人マリン・エコラベル・ジャパン協議が運営するスキームであり、流通加工認証はロゴマークが表示された製品が、MEL漁業認証または養殖認証に適合した水産物であることを確実にするために策定する。

2) MELは国際的機関であるGSSIの承認を得ることで、FAOが2005年に採択し、2009年に改定した「水産エコラベルのためのガイドライン（FAOのガイドライン）」、ISO規格に準拠していることを担保し、国際的に認められるスキームを実現する。

3) 漁業者、養殖事業者から加工事業者、流通事業者、販売事業者、飲食事業者等を経由して消費者に至る全ての過程（サプライチェーン）において、認証水産物を取扱う事業者はこの流通加工認証規格に定める体制を整えなければならない。

4) 認証審査に当たっての具体的指針は、規格の下の設けられる適合の判定基準（審査の手引き）、審査シート及び認証機関に対する要求事項に別途示す

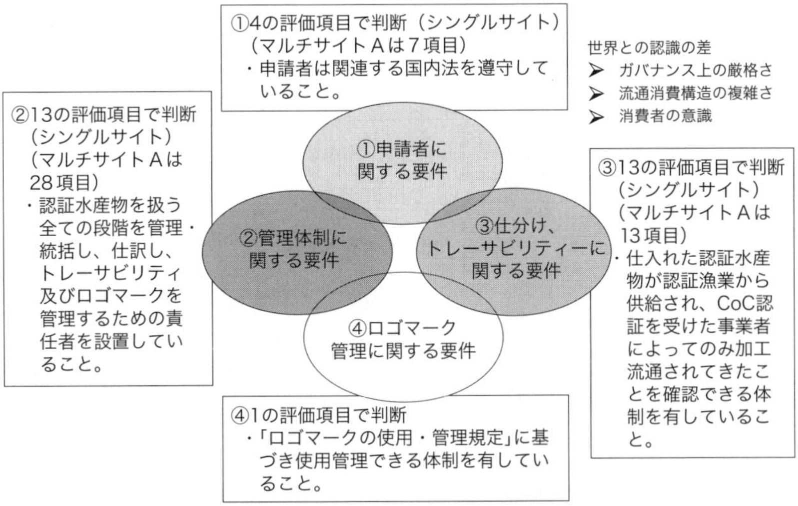

図Ⅱ.1.7 流通加工段階（CoC）認証の４原則※）（資料：MELで作成）

（MEL のホームページ上に掲載）。

5）認証水産物を取扱う事業所が複数ある事業者は、次の 3 つに分類される。

① マルチサイト事業者 A：すべての事業所に共通する管理体制を持つ事業者

② マルチサイト事業者 B：請負元と請負先からなる事業者（契約に基づき、認証水産物を取扱うすべての事業者）

③ マルチサイト事業者 C：最終消費者に認証水産物を販売あるいは提供する複数の店舗を持つ小売事業者または飲食事業者からなる事業者

6）認証水産物にロゴマークを表示するに当たっては、認証取得事業者は MEL 協議会との間で、ロゴマーク使用契約を締結した上、MEL 協議会が定める「ロゴマーク使用・管理規定（MEL のホームページに掲載）に基づき使用する。ただし、旧規格から新規格への移行期間（2021 年 1 月末日まで）中は、ロゴマークに旧規格には「V-1」を新規格には「V-2」を表示するものとした。図に示す流通加工（CoC 認証）の要件の通り、水産物を取扱う事業者は流通加工認証（CoC 認証）取得することが望ましい。具体的な取得要件は次のとおり。

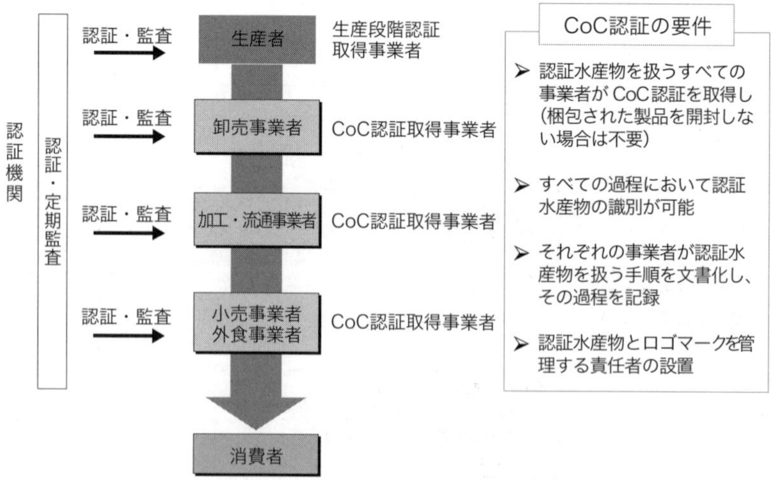

図 II.1.8　認証水産物のフロー図（資料：MEL で作成）

※）審査シートは、申請者の種類ごとに策定し、各要件について、複数の評価項目で判断する。

① 認証された原魚を店舗（小売り、外食）で捌いて提供する場合、ロゴを表示するには店舗の流通加工認証の取得が必要になる。

② 完全に包装されたロゴ付きの商品の取扱いには、店舗の流通加工認証取得がなくとも可能である。

7. 認証を取得するには

認証審査は、スキーム・オーナーから独立した中立の第三者である認証機関が行う。認証取得希望者は認証機関に対し申請書を提出し、図 2.8 のようなフローで審査が行われる。

現在（2020 年 2 月）、国の支援により水産エコラベル普及推進事業の下、大日本水産会主催の「認証取得のための講習会」が各地で開催されており（開催の日時及び場所等は MEL のホームページに掲載）、また、申請に当たってのコンサルティングに対して専門の企業からの指導が得られる。

認証取得の検討から、認証の登録・証明書発行までの所要期間は標準で 5 ～ 7 か月である。

8. 認証取得事業者実績

現在（2020 年 2 月）までの認証取得事業者の実績は、

旧認証：漁業：46 件　流通加工 37 件

新認証：漁業 2 件　養殖 16 件　流通加工 18 件

となっている。

現在（2020 年 2 月）旧認証：漁業　　　流通加工

新認証：漁業　　養殖　　流通加工

取得事業者一覧は MEL のホームページ上に掲載されている。今後、新規申請者の審査及び旧認証からの更新審査が続くので、新認証取得事業者は徐々に増える。

図 II.1.9　認証取得の流れ
(資料：水産エコラベル認証取得のためのガイド)

9. ロゴマーク使用実績

MEL のロゴマークの使用実績はデータ化されていない（2019 年度より集計する予定）。ロゴマーク付き商品は、旧認証で 35 品、新認証で 4 品となっている（2020 年 2 月）。

10. 認証取得と維持にかかる費用

認証取得及び維持の審査にかかる費用は次のとおり。

① 有効期間

漁業認証	有効期間	5 年（有効期間中年次審査あり）
養殖認証	有効期間	3 年（有効期間中年次審査あり）
流通加工認証	有効期間	3 年（有効期間中年次審査あり）

② 審査費用

審査費用は認証機関の審査にかかる工数 × 単価で決まる。審査契約締結までに認証機関から見積りが提示される。現状の MEL の認証規格に対応する審査費用はおおよそ次のとおり。

本審査（初回審査費用）	漁業認証	50 ～ 150 万円
	養殖認証	50 ～ 150 万円
	流通加工認証	30 ～ 100 万円
年次審査	初回審査費用の約半額	
更新審査（3 年又は 5 年）	初回審査費用の 70 ～ 80%	

11. ロゴマークの使用料

認証取得者は MEL 協議会との間で、ロゴマーク使用契約を締結の上「ロゴマーク使用・管理規則」に基づき、商品にロゴマークを表示することができる。ロゴマークの使用料は事業者の規模によって次の通り規定されている。

① 漁業認証

使用動力船合計トン数　　ロゴマーク使用料（年間）

10トン未満	3万円
10トン〜1,000トン未満	5万円
1,000トン以上	10万円

② 養殖認証

従業員数	ロゴマーク使用料（年間）
10人未満	3万円
10人〜100人未満	5万円
100人以上	10万円

③ 流通加工認証

売上	ロゴマーク使用料
単体100億円未満または連結200億円未満	3万円
単体100億〜300億円未満または連結200億〜500億円未満	5万円
単体300億円以上または連結500億円以上	10万円

12. 相互認証など他のスキームとの関係

MELは、現在（2019年2月）他のスキームとの相互認証は行っていない。ただし、2018年3月に食育者協会が運営する養殖認証スキームであるAELと統合することに合意し、公表している。

AEL認証の有効期間は5年であるので、当面AEL認証のままを継続する事業者と、MEL認証に移行する事業者が併存することになる。

13. 認証機関について

MELの認証機関は、① FAOのガイドライン及びGSSIに基準に沿って独立、中立な第三者機関で、② MELの理念と方針に整合し、かつ精度の高い審査を実施する技術的知識と経験を有し、③ 国際的認定機関により審査能力の認定を取得していなければならない。MEL協議会は、以上の条件を満たす認証機関と契約または覚書を交わし、MELの認証機関として登録し、認定審査を行うことができる。

① 認証機関は、MELのスキーム文書の要求事項を満たすとともに、MELが別途作成する「審査員育成のためのマニュアル」に基づき、認証審査員のトレーニングを実施し、審査の精度を担保する。

② 認証機関は、認証取得希望者からの申請により、規格と判定基準に基づいて審査を行うとともに審査報告書を作成し科学者によるレビューにかける。認証決定後は、報告書を一般公開するとともに、MELへの審査報告、認証内容についての定期的な管理を行う。

③ MELは現在（2020年2月）、認証機関としてJABの認定を有する日本水産資源保護協会（日水資）を登録し、MEL認証審査に関する覚書を締結している。MELは認証機関の複数化のため、ホームページ上で認証機関の募集を行っており、2団体から応募があり、認証機関となるための準備中である。

14. 認証の一時停止・縮小・終了

年次審査、臨時審査、または更新審査において、不適合が発見され、定められた期間内にその是正措置が完了しなかった場合は、認証機関は次に定める手順に従い認証の一時停止、縮小または終了の手続きをとる（図II.1.10）。

15. MELが継続して取り組むこと

MELは2019年12月GSSIにより、FAOのガイドラインに及びGSSIの

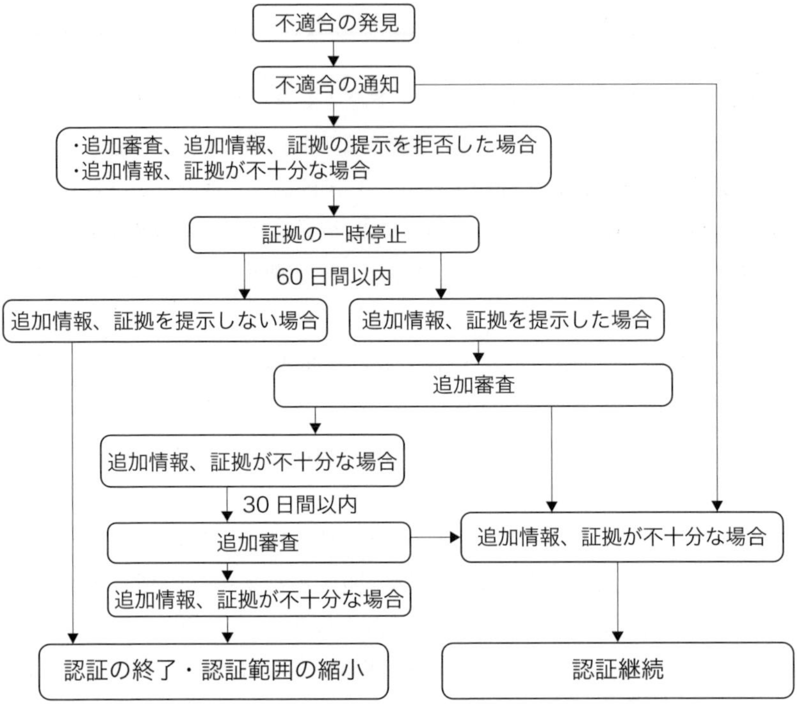

図 II.1.10　認証の一時停止・縮小・終了の流れ
(資料：水産エコラベル認証取得のためのガイド)

基準に適合していることが承認された。

GSSI の承認は目的ではなく、MEL が認証取得者、社会及び消費者のお役に立つための新たな出発点であると考え、水産エコラベルの社会への浸透・定着のため、国内外の関係者と協働を進める。

① MEL は審査機関、認証取得者の皆様とともに、スキームの国際標準化にふさわしい活動を推進する

② 現在のハブ＆スポーク型の組織運営即ち MEL 及び日水資と認証取得者の関係だけでなく、消費者を含めたステークホルダーが広くネットワークでつながる仕組みの構築を進める

③ 小売業、外食業の業界団体と協働して小売、及び外食事業者への浸透を

促進する

④ MEL は、主催又は参加する諸イベントにおいて認証取得者の活動発表及び認証水産物の紹介を実施し、認証取得者の販促支援を行うとともに水産エコラベルに関する社会と消費者の理解を促進する企画に取り組む。

Ⅱ-2 AEL：養殖エコラベル
(Aquaculture Eco-Label)

一般社団法人日本食育者協会がスキーム・オーナーとして設立した「AEL」は、日本で初めて発足した養殖の水産エコラベルであり、2018年12月現在で生産段階認証43件、流通加工段階認証20件を認証している。

このスキームはFAOの「養殖認証のためのガイドライン」(2009年) に準拠して構成されているが、認定機関にIAF相互承認メンバーであることを求めておらず､日本国のみの自己完結的な水産エコラベルとして運営されている。

2017年5月にMEL協議会が養殖の認証も行うこととなり、統合することとなったが、認証の費用が安価で比較的取得しやすいことから、AEL認証を取得したいという事業者が存在する。

1. AEL設立の背景

2007年12月に大日本水産会にMELが設立され活動を開始、漁業を認証していくと、養殖の事業者あるいは流通加工段階認証を取得し、養殖魚も取扱う事業者から、養殖の認証もやってほしいという要望が出るようになった。大日本水産会は漁業認証を運営していくことにも人的資源に事欠く状況であったため積極的ではなかったことから、この要望を直接受けていた認証機関であるところの日本水産資源保護協会が、その社会的必要性に鑑み広く議論を開始した。中小の養殖業者が参加可能でありながら、養殖魚の生育や販売のプロセスに見える知見や技術を正当に評価する方法について模索していた一般社団法人日本食育者協会がこれに呼応し、他の有識者を交え議論が進んだ。

ほぼ一年の議論の末、一般社団法人日本食育者協会がスキーム・オーナーとして、FAOの「養殖認証のためのガイドライン」に準拠し正当な評価を行いつつ、中小の養殖業者が参加可能な低コストの認証スキームとして『AEL』がスタートすることとなった。

2. AELの組織（日本食育者協会）について――

京都の「おばんざい」に代表されるような、日本の家族や地域社会に根差した伝統的で多様な食文化を守り、伝承し、再興していく中で、現代日本における食に関わる諸問題を解決していく事を目的として2006年に創設され、活動を続けている。

魚食の減少や自給率の低下、漁業の低迷といった日本の魚食における課題の多くは、生産者、流通業者、消費者相互間の情報共有、信頼構築などによって少なからず解決できるものと考え、これを推進する人材の育成制度『シーフー

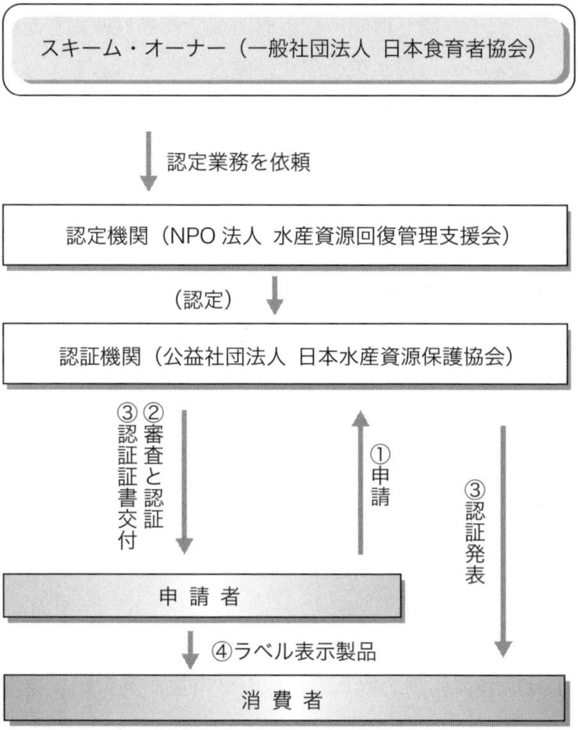

図 II.2.1　AELの体制図

（資料：「FAO養殖認証に関する技術的ガイドラインの要求事項」）

ドマイスター制度』を創設し、全国に活動を広めている。

この制度の運営を通して、生産者や流通業者にはありのままの情報を要求し、消費者にはそれを丁寧に説明し、相互間の信頼確保、風評被害の根絶などの社会貢献を目指している。

3. スキームの概要

(1) 機関構造

認証機関は日本水産資源保護協会が認証審査を行っており、その認定機関はNPO法人水産資源回復管理支援会が負っている。

スキーム・オーナー、認証機関、認定機関がそれぞれ独立した組織として構成されており、スキームの最小限の形式は満たされているものの、スキーム・オーナーとしての評価、認証機関及び認定機関に関しての正当性を担保する客観的な評価はなされておらず、自己宣言の認証制度に留まっている。

(2) AEL認証の基準

生産段階で4つの原則があり、その下位に審査の大項目があり、その更に下位にそれぞれ審査項目が設けられている。全部で47の項目に対し、対応済、一部対応、未対応の3段階で評価している（表II.2.1)。

また、流通加工段階では原則はひとつであり、大項目として7つが設定され全部で22の審査項目が設定されている（表II.2.2)。他のスキームと少々異なって見えるのは、養殖魚G.A.P.をベースにFAOガイドラインを追加して審査項目を構成したことによる。

(3) 低コストへの工夫

AELでは十分な管理体制を取りつつ、中小の養殖業者が参加可能な低コストの認証スキームを実現するために、以下の3つの基本を掲げている。

その第一に「低コストで効果的な認証」をあげており、この低コスト実現の

表 II.2.1　生産段階認証審査項目

養殖の環境	1．養殖漁場及び関連施設について	(1) ～ (4)
	2．手順書について	(1) ～ (7)
	3．作業従事者・労働環境の管理について	(1) ～ (3)
種苗の管理	1．種苗について	(1) ～ (7)
飼育の管理	1．養殖魚について	(1) ～ (4)
	2．餌・餌料について	(1) ～ (3)
	3．水産用医薬品等について	(1) ～ (9)
水揚げ作業管理	1．作業従事者について	(1) ～ (2)
	2．水揚げ設備及び器具	(1) ～ (3)
	3．水揚げ魚について	(1)
	4．輸送容器及び輸送手段について	(1) ～ (2)
	5．出荷管理について	(1) ～ (2)

表 II.2.2　流通加工段階認証審査項目

加工・出荷作業管理	1．法令の遵守について	(1)
	2．作業従事者について	(1) ～ (2)
	3．施設及び関連機器等について	(1) ～ (6)
	4．輸送容器及び輸送手段について	(1) ～ (3)
	5．食品添加物について	(1) ～ (2)
	6．加工管理について	(1) ～ (6)
	7．出荷管理について	(1) ～ (2)

ために、運営に要する費用は、最低限必要な実費に留めている。

第二としては、グループ認証制度を採用し、同一とみなせる業者からなるグループを認証するにあたり、全ての構成員を審査対象とするのではなく、サンプリングにより選んだ一部を審査対象とし、その審査費用をグループ全員で分担することにより一者当たりの費用を低く抑えている。

第三として、ロゴマークの貼付委託制度を採用している。例えば、小売業者のバックヤードで認証水産物を刺身盛り等に小分け加工し、その商品にロゴマークを貼付しようとする場合、その小売業者は流通加工段階認証を取得することが必要である。しかしながら当該小売業者に審査費用負担を理解していただくことは困難であり、流通加工段階認証の連鎖を生産者から末端の小売までつなぐことが難しく、このことが消費者の手にロゴマーク付き商品が届かない原因となっている。

そこで、当該小売業者に原魚を供給する業者（認証取得済み）が商品の小分け及びロゴマークの貼付を小売業者に委託することにより小売業者への審査を不要とすることにしている。小売業者における小分け及びロゴマーク貼付が確実に行われていることは、貼付委託契約に基づき小売業者において記録を取り、その記録を、原魚を供給する業者（認証取得済み）の定期審査の際に確認することにより担保することにしている。

II-3 SCSA：持続可能な水産養殖のための種苗認証協議会
(Seedlings Council for Sustainable Aquaculture)

1. 設立の経緯と意義

国連食糧農業機関（FAO）の2018年世界漁業・養殖業白書（SOFIA）によると、水産物の漁業・養殖生産量において、漁業生産量は1980年代の後半以降で約9,000万トンと頭打ちとなっている一方で養殖生産量は伸び続け、2016年では総魚類生産量（非食用を除く）の53%にまで達し、また、総生産額が2,620億米ドルであるのに対し、養殖は2,320億米ドルで約89%を占めている。このように、養殖業は人類への食糧供給において重要な産業となっている。また、同白書によると、資源状態が評価されている漁業資源の中で、資源の生産力と釣り合った状態で利用されている漁業資源（2015年の評価結果）が全体の66.9%にまで減少していることを報告している。すなわち、すでに過剰漁獲の状態にあると評価されている漁業資源は全体の33.1%にまで達しており、危機的な状況にある。

一方、世界人口の急速な増加の中にあって重要なタンパク源としての水産物への需要は世界的に拡大し、「持続可能な水産物の供給」を実現することは人類共通の課題となっており、「持続可能な水産物調達」を担保するために「水産物の認証制度」は重要な役割を担っている。また、養殖業においても、養殖原魚（種苗）、餌、環境に関する持続可能性について強く求められている。餌や環境も重要ではあるが、養殖対象となる「種苗」の調達が持続可能なものでなければ、養殖を営むことはできない。現在、種苗の調達は天然種苗と人工種苗から行われている。我が国の例では、最も生産量が多いブリは天然種苗によって養殖が行われているが、ブリの資源は管理され、現在の資源状況は高位の水準にあることで、持続可能な養殖種となっている。

しかし、養殖原魚の調達が天然に由来する生産量第3位（2017年漁業養殖業生産統計値、以下同様）のカンパチや絶滅が危惧されているウナギ、近年資源の回復傾向が認められているもののその資源量は依然として低位であるクロマグロでは、持続可能な養殖となっていないのが実情である。一方、生産量第2位のマダイや5位のギンザケ、さらにヒラメ、シマアジなどでは、種苗のほぼ100%を人工種苗によって「必要な量」を「計画的」に調達しており、人工種苗による養殖は持続可能な養殖であるといえる。

世界中で行われている集約的な人工種苗の生産技術は日本発祥の技術である。言い切れる根拠は、人工種苗生産でふ化仔魚から稚魚まで育てる飼育工程の中で、必須となっている生物餌料が日本で発見され、世界に広がっていったからである。その生物餌料とは「シオミズツボワムシ *Brachionus plicatilis* sp. Complex」という動物プランクトンで、1963年に現在の三重大学伊藤隆教授によって、養鰻池で大量発生し、有害とされていたワムシ目ツボワムシ属に属する汽水性のシオミズツボワムシが仔魚の餌として利用できることが示された。その後、多くの日本の研究者、技術者によって、シオミズツボワムシの培養法が開発されると共に仔稚魚の必須栄養素（DHA、EPAなど）も明らかにされ、シオミズツボワムシへの栄養強化法や仔稚魚の飼育技術など多くの技術が国内において開発された。その技術は海外へも広がり、世界中で集約的な人工種苗の生産が行われるようになった。このような歴史的な経緯から、日本が人工種苗生産技術の発祥であり、さらに放流人工種苗（栽培漁業）の生産技術の開発を、国を上げて推進したこともあり、その生産技術は世界トップの水準にある。また、育てられた稚魚の品質も高いレベルにある。

このような背景の中で、持続可能な養殖業にとって人工種苗の利用を中心的位置づけとした理念の下で、我が国の養殖水産物が得意とする人工種苗で国際的に評価されるようにすることを目的として「非特定営利活動法人 持続可能な水産養

図II.3.1　SCSAのロゴマーク

殖のための種苗認証協議会（Seedlings Council for Sustainable Aquaculture：SCSA（以下「SCSA 認証」））は、2017 年 9 月に国内の水産科学分野の研究者（国立研究開発法人水産研究・教育機構、東京海洋大学、高知大学、近畿大学）によって設立された（図 II.3.1）。この法人は、持続可能な水産物需給の実現に寄与することを目指し、また人工種苗の社会的認知を高めるために、我が国及び世界の養殖業及びその流通に対して、種苗認証制度の管理・運営を行うことを目的としている（定款第 3 条）。

2. 我が国の優位性を活かす SCSA 認証

漁業による漁獲量の維持、資源管理を徹底することは重要な課題であるものの、旺盛な需要があることから、資源管理を徹底することは非常に困難であり、実行力を伴いにくいのが実情である。それは希少価値が高まればそれだけ価格が高くなることで、ルールを守らずに漁獲した場合の利得が大きいと考える経済行動が働くことが理由の一つとして上げられる。そこで、必要な分を必要なだけ生産する「養殖業」は、不足していく供給を賄うひとつの解決策になると考えている。人工の種苗を必要な分を必要なだけ生産して「養殖業」へ供給することは、資源への環境負荷が低い養殖業を実現することを可能にする。さらに、近年では人工種苗から育てられた親魚から、採卵され、その卵から育てられた養殖魚は「完全養殖魚」として昨今広く国内外で知られるようになっているが、完全養殖は資源への負荷が最も低い養殖を実現することができる。

また、人工種苗生産では選抜育種等によって、より病気に強く成長の早い種苗を作り出し、餌の節約や抗菌剤使用の低減による耐性菌問題対策など持続可能な養殖業の構築にとって極めて重要な技術になる可能性を秘めている。良い形質の種苗の生産が行われることは、養殖業者の生産原価を根本的に下げることにつながるため、経営の持続性という側面でも重要である。また、同様の側面で見ると、人工種苗によって種苗池入れ尾数が安定していくことは、相場の安定を少なくとも供給側から行うことにつながっていくため、これも経営上大きな効果をもたらすと考えられる。

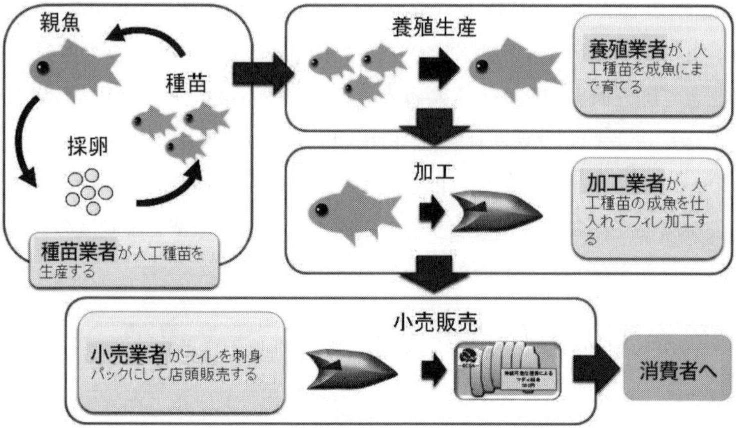

図 II.3.2　人工種苗による養殖の仕組み

さらに本認証の特徴には「種苗から商品」までのトレーサビリティが確実に確保される。特に「人工種苗」の場合には親魚から卵、ふ化の状況まで、商品の全てをトレースすることが可能となる（図 II.7.2）。

我が国人工種苗の安全で安定した生産技術は先進的な研究機関による研究や種苗生産会社の試行錯誤によるたゆまぬ技術開発に支えられ、世界トップの技術レベルにある。すなわち、人工種苗の技術は我が国が世界と勝負できる「持続可能な生産のための技術」と言えるのではないだろうか。そのため、SCSA 認証は「持続可能性と安全性が問われる国際市場」において、我が国の優位な部分、得意な部分をアピールできるツールとなり得るであろう。

3. SCSA 認証の設計

SCSA 認証は 2017 年 12 月に認証サービスを開始したばかりの、設立して間もない認証制度である。先述の国内の養殖研究を代表する研究者と種苗生産・養殖・加工流通の実務を行っている現場の人たちとの議論を繰り返すことによって、公明・公正・透明性と実務として利用可能な原則と基準であることを目指した認証の設計を行った。その結果、非常にアカデミックな意味での

「持続可能性」を定義していると同時に、実務サイドにも配慮された設計となった。このような議論を経てFAOの養殖認証ガイドラインと第三者認証制度の国際基準であるISO 17065（認証機関の認定）に適合するように設計された。

なお、スタート時において認定はISO17011適合でなくSCSAが直接行う形になっていた。しかし、後述のJAS（日本農林規格）化と合わせ、2019年7月にFAMIC（(独) 農林水産消費安全技術センター）認定センター(JASaff）とMOUを締結し、認証機関に対する認定業務を委託することになり、ISO17011適合となった。なおJASsaffは、FAMICの活動内容を規定するFAMIC法が2017年6月に改正されてFAMIC内に設立され、認定業務を行うことが可能になった（現在IAF登録を目指している）。現在のSCSA協議会はスキーム・オーナーとテクニカルボードとしての役割に特化し、第三者認証制度の国際基準に適合している。

4. 認証基準とその特徴

(1) 認証の仕組みとプログラム

SCSA認証では公明性、透明性、公平性を保つために公正・中立な第三者機関（SCSAから委託を受けたJASaffによって認定された認証機関）によって認証審査が行われる（図II.3.3)。SCSA認証は、種苗業者と養殖業者に対しては持続可能な生産を行っていることを証明する「養殖認証」と確実なトレーサビリティを担保する「CoC（Chain of Custody）認証」、加工・流通業者に対しては「CoC認証」を行うことで構成されている（図II.3.3)。この構成によって、商品は消費者の手元に確実にSCSA認証商品として届く仕組みになっている。CoC認証は、基本的に一般的な他のCoC認証と概ね同じであるが、トレーサビリティの起点が種苗（ふ化仔魚）である点に独自の個性がある。

SCSA認証制度は次の3つの項目、①認証要求事項：実際に認証を行う第三者機関（認証機関）に対して定められたルールで、ISO 17065に従ってい

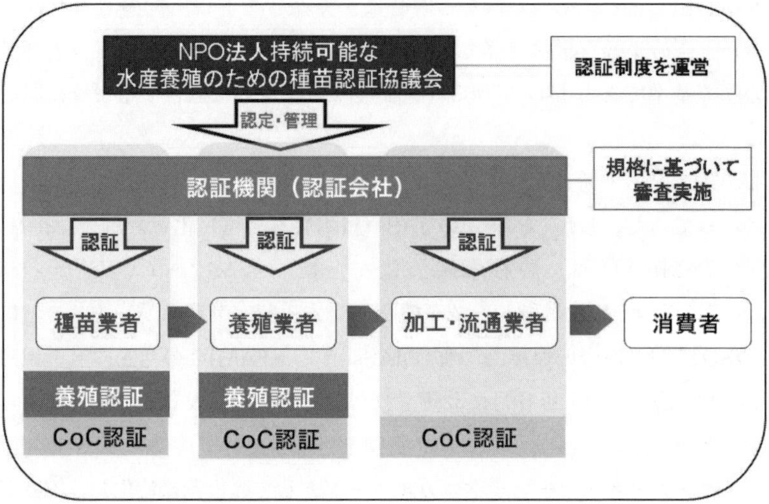

図 II.3.3 「持続的な水産養殖のための種苗認証制度（SCSA）の全体像

種苗	人工種苗であるかどうか、そのトレーサビリティは確実なものなのかを検証する。SCSA認証の中心となる項目。	10 項目
飼育管理	飼育が適切に行われているかどうか。国内外の法に基づいた飼育がおこなわれているかどうかを審査。	33 項目
環境配慮	周囲環境に対する影響が持続不可能な水準で存在しないように養殖がおこなわれていることを確認する項目。	8 項目
飼・餌料	餌が資源を破壊する水準で作られたものではないことを検証する項目。	8 項目
食品安全	生産において食品に供することに十分な安全性をもつことを検証する項目。	7 項目
労働環境	作業従事者が持続可能な水準で労働を行っていることを検証する項目。	10 項目
社会経済	認証対象が認証を維持する能力を持っていることを検証するのと同時に、周囲の関係者との関係性が持続可能であることを検証する項目。	11 項目

審査項目　計 87 項目
（CoC 認証は除く）

図 II.3.4　SCSA 認証制度の原則と基準（FAO テクニカルガイドラインに準拠）

る、②原則と基準：認証機関が審査を行う時に用いる評価項目で、認証プログラムの根幹となるものである、③スコアリングガイドポスト（採点基準）：認証機関による審査をスムーズに行い審査経費を抑えるための審査機関と申請事業者に対する手引き書（チェックリスト[3]）、によって構成されている。

SCSA 認証プログラムにおける「養殖認証」の原則と基準は、7 つの大項目（原則）、21 の中項目、合計 87 の項目（基準）で構成されている（“持続可能な水産養殖のための種苗認証制度（SCSA 認証）の原則と基準 Ver.1.4” [3]（図 II.3.4）。他の認証プログラムとの違いは以下の特徴を持っていることにある。

SCSA 認証では、特に種苗生産者に対して「種苗」に関する要求が厳密になされており、人工種苗であることの証明（人工種苗証明）、証明のための DNA 鑑定に必要なサンプルの保存（人工種苗証憑の保管）等が要求されている。なお、人工種苗とは「養殖親魚または天然親魚より採卵された受精卵（自然産卵、誘発産卵及び人工授精）及びふ化仔魚から飼育された人工ふ化種苗」のことと定義されている。「人工種苗証明」では、人工種苗に関して、飼育施設、採卵・受精方法、親魚（群）の識別情報、受精・ふ化年月日（購入の場合は購入元への同じ情報を照会し記録）、餌・餌料、投薬などに関する情報や増重量または暫定的な尾数等を記録し、人工種苗を出荷する時に生産履歴として提供することができるように準備しておく必要がある。また、「人工種苗証憑の保管」では、人工種苗であることを証明する必要が生じた場合に、DNA 鑑定によって親子関係が立証できるように親魚の鰭等の組織の冷凍保存（サンプル重量は 1 グラム以上）、組織の入手が困難な場合には種苗群から 50 個体以上の全魚体の冷凍保存（サンプル重量は 1 グラム以上）が必要で、魚体情報と冷凍サンプルが厳密に紐付けされており、要請に応じて、識別記録と冷凍サンプルが提出できるようにしておく必要がある。記録は最終産物として養殖魚が出荷されてから 5 年の保管期間が要求されている。養殖業者に対しては、履歴などの記録、保管、必要に応じて導入した種苗・育成後の養殖魚の DNA サンプルの提供を要求されている（表 II.3.1）。

[3] https://www.scsa.or.jp/document/

表 II.3.1 種苗生産者、養殖生産者に対する原則と基準

1. 種 苗
  1.1 種苗生産者（1.1.1 人工種苗証明（1.1.1.1 ～ 1.1.1.3）／1.1.2 人工種苗証憑の保管：1.1.2.1 ～ 1.1.2.3）
  1.2 養殖業者（(1.2.1 人工種苗購入先の生産履歴を保管、開示・提供／1.2.2 認証を証明するための DNA 鑑定。種苗または育成後の養殖魚の凍結サンプルの提出義務
2. 対象人工種苗飼育管理
  2.1 識別および分別
    2.1.1 種苗生産者の管理（2.1.1.1 ～ 2.1.1.3）／2.1.2 養殖業者の管理（2.1.2.1 ～ 2.1.2.3）、付記
  2.2 トレーサビリティと数量管理
    2.2.1 種苗生産者（2.2.1.1 ～ 2.2.1.5）／2.2.2 養殖業者（2.2.2.1 ～ 2.2.2.4）
  2.3 水産用医薬品の使用（2.3.1 種苗生産者（2.3.1.1 ～ 2.3.1.7）／2.3.2 養殖業者（2.3.2.1 ～ 2.3.2.7)）
  2.4 逃亡管理（2.4.1 種苗生産者（2.4.1.1）／2.4.2 養殖業者（2.4.2.1)）
  2.5 魚類福祉（2.5.1 ～ 2.5.2）
3. 環境配慮
  3.1 環境関連法規の遵守（3.1.1）
  3.2 周辺環境への影響の記録（3.2.1 国内法令・国際法規に基づく環境保全対策を計画・実施（3.2.1.1 ～ 3.2.1.2）／3.2.2 水産用医薬品や魚網防汚剤の使用の記録、周辺環境への影響／3.2.3 養殖用資材・死亡魚等の処理、管理表の保管）
  3.3 環境影響低減への対策（3.3.1 ～ 3.3.2）
4. 飼・餌料
  4.1 飼・餌料の原料（4.1.1）
  4.2 飼・餌料のトレーサビリティおよび透明性の確保（4.2.1 ～ 4.2.3）
  4.3 飼・餌料の使用および管理（4.3.1 ～ 4.3.3）
  4.4 飼餌料の効率化および最適化（4.4.1）
5. 食品安全
  5.1 施設と水環境（5.1.1 人体に悪影響を及ぼす水環境での養殖禁止／5.1.2 廃棄物や動物・人間の排泄物による養殖水の汚染、設備の管理／5.1.3 衛生動物による施設・作業場所の汚染対策／5.1.4 従業員への衛生管理の教育訓練の実施・記録）
  5.2 製品の取り扱い（5.2.1 出荷魚種の水揚げ・輸送の適切な管理と手法／5.2.2 出荷対象魚の劣化、汚染／5.2.3 飼料原料原産地、飼料安全法の基準の確認。休薬期間終了の確認・記録）
6. 安全衛生・労務管理
  6.1 安全衛生の維持と適切な労働環境の提供
    6.1.1 安全衛生責任者の任命、労働者の安全衛生に配慮した労働環境・器具の提供／6.1.2 作業従事者への研修・記録／6.1.3 健康・安全上に関わる環境・事象の記録、必要に応じた是正措置／6.1.4 労働災害の記録、是正措置
  6.2 国内法・ILO 条約の遵守
    6.2.1 児童労働の禁止／6.2.1.1 家族の手伝いを除く児童労働の禁止／6.2.2 強制・拘束・奴隷的労働の禁止（6.2.2.1 ～ 6.2.2.2）／6.2.3 差別とハラスメントの禁止（6.2.3.1 ～ 6.2.3.2）
7. 社会経済的側面
  7.1 管理システム（7.1.1 ～ 7.1.6）
  7.2 社会面への配慮（7.2.1 ～ 7.2.5）

「対象人工種苗飼育管理」では、「識別及び分別」において、「ふ化」を起点として、種苗生産者、養殖業者共に、生産ロット（生産時点における各事業者の識別可能ロットの最小単位。生産プロセスで合一される場合は、そこから 1

つのロットとして履歴が始まり、それ以前の情報はそのロットの性質を示す情報として保存）ごとの厳密な管理が要求されている。「トレーサビリティと数量管理」ではトレースを確実にするための生簀・水槽ごとの時系列に沿った生産履歴の記録と保存、同じく数量の増減を正しく記録し、誤差を実数で5%、重量や一部計数からの推定値で10%増の範囲内に収めるように要求されている。記録を修正する場合には、修正日と修正者、変更点を明確に記録し、修正手順を文書化しておく必要がある。「水産用医薬品の使用」では農林水産省が作成している「水産用医薬品の使用について」を参照し、定められた関係法令に基づいて適切に使用することとしている（表 II.3.1）。

(2) 認証の審査

SCSA 認証を取得するためには、まず、認証会社と審査に関する契約書を締結し、日程を決めて審査が始まる。審査は、現地審査（書類と現地)、クライアントレビュー、ピアレビュー、パブリックコメント及び是正措置期間を経て、めでたく認証の取得となる。書類審査と現地審査は認証会社の担当者によって、「原則と基準」の各項目のチェックリスト[3]に沿って進められる。審査期間は、概ね魚種×事業所の数で決まる。なお、審査対象となるサイト数は IAF の基準と同一のルートをかける方式を採用しており、全体的な負担を軽減しつつも審査の確からしさを担保する。

また審査員及び審査チームの審査能力に関しては、SCSA 一般的要求事項によって定義化されており、ISO やその他第三者認証の審査員資格あるいは審査実績を有した上で、十分なトレーニング（具体的には審査研修及び生産現場での研修）を積んだうえで認定を行ってライセンスが与えられる方式で担保する。審査員は一般的な第三者認証の審査員資格に加えて、人工種苗や養殖に関する専門性を有する必要があり、認定時に確認される。繰り返しになるが、FAMIC（JASaff）で SCSA 審査機関認定が行われ、JAS0005 審査機関としての登録審査も同時に行われるため、合わせて審査機関への要求事項は SCSA-JAS で共通化されている。そのため、同じ認証機関によって審査は同じ内容で行われることになり、1度の審査で2つの認証の取得が行われることになる（既存のSCSA取得者については、JASの登録手続きは必要になるが、現地審査は省略される）。

(3) 審査費用

審査費用は審査員の投下人工数＋交通実費＋登録費を主として構成される。人工の単価は認証会社によって異なるので一律にはならないが、目安としては、審査対象が養殖業者である場合、1魚種1事業所である場合は、3～6人日前後（書類審査、現地審査、各レビュー、CoC、審査報告書作成及び判定）、加工流通業者がCoC認証を取得する場合は3～5人日程度と見積もられる。加工流通業者のCoC認証は他の一般的な第三者認証と基本的な部分に大きな違いがないため、かかりうる人工にも特に差は生じない。一方、養殖業者の審査に関しては、審査項目があらかじめ細かく定義化されており、同時に必要証票類を指定しているため、曖昧な判断が行われないような設計になっている。この結果審査のコンパクト化が図られ、負担費用が最小化されるようになっている。なお後述するJASとの共通化によって同時審査が行われるようになり、二重費用が発生しない構造になっている。

(4) 認証事業者

認証サービスを開始して約1年半経過し、これまでに認証を受けた事業者は、種苗生産で2事業者、養殖業（CoC認証を含む）で4事業者、CoC認証で2事業者である[4]。

5. 事業内容

SCSAが行う事業は①持続可能な養殖水産物の需給を実現するための認証制度の運用（認証制度の管理・運用業務）、②認証制度の管理、③その他、定款の第3条の目的を達成するために必要な事業、となっている。①について

4 https://www.scsa.or.jp/getting/public-comment/

は、ステークホルダーとして「認証要求事項」及び「原則と基準」の管理と運用や必要によって見直しなどを行う。②では、2017年11月には世界最大で最古の認証会社であるビューローベリタスの日本法人であるビューロベリタスジャパン株式会社が最初の認証機関として認定されており、現在もう1社が認定される予定である。③については、SCSA認証について深く理解していただくために要望に応じて説明会や訪問説明などを行うこととしている。

6. 人工種苗生産技術による養殖法がJAS（日本農林規格）に

2018年12月末にJAS（日本農林規格）「人工種苗生産技術による水産養殖産品」が制定された。2017年6月にJAS法（日本農林規格等に関する法律）が改正されことにより、「モノの生産方法の規格」がJASとして採用されるようになった。そこで、SCSAは、独立行政法人農林水産消費安全技術センター（FAMIC）の協力を得て、SCSAの原則と基準（Ver. 1.4）を基に日本農林規格原案を作成して申請したところ、日本農林規格調査会の審議を経て正式にJASとして制定された。SCSA協議会は、今後も運営主体としてSCSA認証とJASとの共通化や規格の見直し等に関わることになる。

JASの認証は、FAMIC法の改正により国際競争力強化の一環として、広く適合性認定業務を提供するためFAMIC本部に設立された認定センター（JASaff）が認定する認証機関により審査が行われる。また、JASはSCSA認証プログラムを基にしていることから、SCSA認証を取得することで、JASの審査は大部分が共通である。

このことによって、SCSA認証プログラムが「人工種苗による“持続可能”な養殖産品」であることを認証し、JASつまり日本が「人工種苗による養殖産品」であることを保証することに

図Ⅱ.3.5　JAS（日本農林規格）のロゴマーク

よって、SCSA は、国内はもとより国際的にも通用する認証となった。日本の養殖製品に、持続可能性を示す SCSA ラベルと国際的に通用する JAS マーク（図 II.3.5）を表示することによって、取引先への訴求力は向上するであろう。

7. SCSA 協議会の将来構想

JAS 認証も含めた新たな人工種苗認証制度について図 II.3.6 に示した。先述のとおり 2019 年 7 月に、JASaff は SCSA 協議会と覚書を締結し、SCSA の認定機関としての役割りを担うことになった。今後、SCSA は ISO17011 にも適合した第三者認証の形を取ることになる。FAMIC（JASaff）の IAF 登録が完了することになるのであれば、将来的には GSSI への申請も視野に入れ、国際認証を目指す考えである。

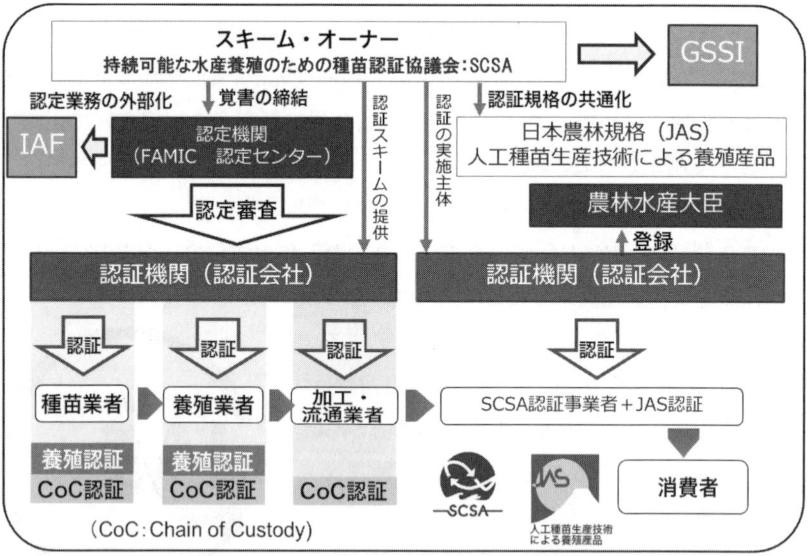

図 II.3.6　新たな人工種苗認証制度の仕組み

8. 今後への期待

水産養殖の持続可能性において「種苗が持続可能であること」がひとつの重要な条件となっている。そのためには、十分な天然資源から適切な漁業管理の下で漁獲した種苗か、あるいは人工的かつ計画的に生産された種苗の利用なのかが問われている。SCSA 認証は、種苗に関して後者にのみ焦点を置いた認証となっており、JAS マークと共に、日本発祥といえる人工種苗から養殖された国産魚の世界進出を、後押しできるツールになることを期待している。詳しくは SCSA のホームページ[5]をご覧いただきたい。

[5] https://www.scsa.or.jp/

II-4 MSC：海洋管理協会
(Marine Stewardship Council)

MSCは世界初の水産物の認証制度である。1996年に、国際的な環境NGO・WWFを中心として始められた。2年後の1998年に、認証規格及びその体制が整えられ、運用が開始された。さらに2年後の2000年に初めて、西オーストラリア州のロック・ロブスター及び英国のテムズ川のニシン漁業がMSCの認証を取得した[6]。2019年3月現在の段階で、漁獲高ベースでは1,180万トンの水産物が同認証制度を受けており、これは全世界の漁獲の15%を占める。2017年3月にGSSIに三件目の認証制度として承認された。

1. MSC設立の背景

1996年にMSCは立ち上げが開始されたが、当時このような動きが見られたのには、いくつかの理由が存在する。

第一の理由としては、コマンド・アンド・コントロールと呼ばれる政府が実施する政策を通じて、環境保全を行っていくことの限界が明らかになったことが挙げられる。コマンド・アンド・コントロールとは、公害を規制するために政府が有害物質などの排出許容量を設定（コマンド）し、それを守らない工場などに罰金などを科す（コントロール）政策を指す。漁業管理においては、一般的に行われる入口管理や出口管理が、このような政策にあたる。つまり、漁具、漁期や漁獲高の規制が設定され、それを守らない漁業者には罰則が科される。この時期、漁業管理は主にコマンド・アンド・コントロールによって実施されていたが、ニューファンドランド島沖でのタラ資源の管理に失敗したこと及び大西洋のまぐろ類の資源管理の保全に失敗したことなどが、漁業管理におけるコマンド・アンド・コントロールの失敗として取り上げられるようになった。とくに、大西洋のまぐろ類に関しては、国際的な組織である西大西洋まぐ

[6] Christian *et al.*, 2013

ろ類保存国際委員会において漁獲高設定がされたにも関わらず、クロマグロの資源量は過去の10％以下となったことが、環境保全を行うに非政府団体（以下NGO）に大きなショックを与えた[7]。

このような実態を受け、1990年代半ばから、アメリカの大手のNGO[8]は、海洋保全プログラムをスタートさせた[9]。これらのNGOは、国家の規制に依存したコマンド・アンド・コントロールを用いた環境保全政策ではなく、市場を用いたアプローチ（マーケット・ベースド・アプローチ）、とくに認証制度やエコラベルに期待を寄せた。これらの仕組みには、消費者や市場を通じて、環境保全を推進しようとした点において、コマンド・アンド・コントロールとは大きく異なる。このように消費者が、環境に配慮して生産した製品を購入することをエシカル消費と呼ぶ[注1]。

注1）認証制度が国家の漁業管理に代わるものであるのか、補完するものであるのかに関しては議論があるところである。確かに、認証制度にとって鍵となってくる漁業管理を担うのが、国家あるは地域の漁業管理団体（Regional Fisheries Management Organization）である。この部分を認証制度がとって変われないのは確かである。その一方で、市場からの価格というインセンティブによって、漁業者を「責任ある漁業」あるいは「持続可能な漁業」に導こうとする仕組みであることも確かであり、認証制度と国家、市場の関係に関しては、さらなる考察が必要であると筆者は考える。

この流れの中で、WWFがMSCの設立に主導的な役割を果たしたのは、すでに同組織が森林認証のFSC（Forest Stewardship Council：森林管理協議会)」において経験を積んでいたからである。この点が二点目の理由である。とくに、WWFにはFSCの設立時の苦い教訓を学んでいた。FSCの立ち上げ時に、環境NGOのみが主導して立ち上げを行なったため、木材業界や製紙業界から大きな反発を受けたことである。そしてこの反発は、FSCの代替の認証制度である森林認証の承認のためのプログラム（Program for the Endorse-

[7] Kurlansky, 1997; Sutton and Wimpee, 2008

[8] ナショナル・オードボン協会（National Audubon Society）や世界自然保護基金（World Wildlife Foundation、以下WWF）など。

[9] Sutton and Wimpee, 2008

ment of Forest Certification、以下 PEFC）注2が設立させるきっかけを作った。

注 2）2003 年以降、北米の団体が加盟したため、『森林認証の承認のためのプログラム（Program for the Endorsement of Forest Certification、以下 PEFC)』という名称が使われるようになったが、1999 年に設立された当時は、『汎ヨーロッパ森林認証制度（Pan-European Forest Certification scheme)』という名称であった。

以上のような苦い教訓を生かし、MSC の設立時において、WWF はユニリーバ社と手を組んだ。当時、ユニリーバ社は世界最大の冷凍食品の加工流通業者であり、欧州市場の冷凍水産物の 20％を供給していた。2003 年に、同社は認証水産物の調達率を引き上げることを目指すと発表した。これは、2006 年に発表された世界最大のスーパー・マーケット・チェーンであるウォルマート社の調達基準の先駆けとなった。実際、2005 年にはヨーロッパ向けの水産物の 46％を認証水産物によって賄った[10]。

しかしながら、このような MSC 認証水産物の流通の推進を支えたのは、ユニリーバ社とのパートナーシップだけではない。第三点目の理由として、国連食料農業機関（UN Food and Agriculture Organization、以下 FAO）によって採択された「責任ある漁業に関する行動規範（Code of Conduct for Responsible Fisheries 以下、「行動規範」)」及び『海洋漁獲漁業からの魚及び水産物製品のエコラベリングのためのガイドライン（FAO Guideline for the Ecolabeling of Fisheries Product from Marine Capture Fisheries 以下、「FAO のガイドライン」)』があった点も挙げなければならない。この行動規範は、「責任ある漁業」とはどのような漁業であるかを定めた。具体的には、環境と調和した持続的な漁業資源の利用、生態系や資源に悪影響を及ぼさない範囲での漁獲及び養殖の実施、衛生基準を満たす加工を通じた水産物の付加価値向上、消費者へ良質な水産物を供給するための商業活動、の 4 点に焦点が当てられ、どのような漁業であれば責任ある持続可能な漁業であるのかについての細かい規定が作られた。さらに、2005 年に FAO のガイドラインに依拠した認証制度であ

[10] Jacquet and Pauly, 2007

ることを宣言することによって、認証制度としての国際的な信頼性を高めることができた。

2. 組織概要

スキーム・オーナーであるMSCは、1999年に設立された英国のロンドンに本部を置く非営利団体である。そのビジョンは、「世界の海が生命にあふれ、そして水産物の供給が将来にわたり続くよう守られること」であり、ミッション（使命）は「MSC海のエコラベル認証制度を用いて、海洋の健全性に貢献すること」となっている[11]。現在世界に約200人の専従スタッフを抱え、ロンドン以外に、ワシントンDC、シアトル、アントワープ、北京、ベルリン、釜山、ケープタウン、コペンハーゲン、ハーグ、ヘルシンキ、マドリード、ミラノ、パリ、レイキャビク、サンティアゴ、リマ、ストックホルム、トロント、ワルシャワ、シドニー及び東京に事務所を持つ。また、同団体の2018年の年間予算規模は約2,600万英国ポンド（約34億円[12]）である。そのうちの80％を、後述するエコラベル使用ライセンス収入によって賄っている[13]。

MSCの最高意思決定機関は、MSC評議員会（Board of Trustees）であり、その下に技術諮問委員会（Technical Advisory Board）、ステークホルダー諮問委員会（Stakeholder Advisory Council）などが存在する。技術諮問委員会の議長とステークホルダー諮問委員会の議長が、MSC評議員会の評議員を兼任するようになっている。また、ステークホルダー諮問委員会には水産業の業界関係者（生産者及び流通加工業者）、環境保全団体や学識経験者が含まれ、多角的にMSCの認証に対する評価やインプットを行っている[14]。

---

[11] 詳しくは、https://www.msc.org/jp/what-we-are-doing/whatisMSCJP を参照。
[12] 1英国ポンド＝144円での為替レートを使用。以下同じレートを使用している。
[13] 詳細は https://www.msc.org/about-the-msc/our-funding-and-finances 参照。
[14] 詳細は https://www.msc.org/about-the-msc/our-governance 参照。

3. スキームの概要

MSCは第三者認証制度として確立されている。すなわち、スキーム・オーナーであるMSCは認証審査や認定審査（認定機関が認証機関に対し認証審査を行う能力を審査すること）を行うことはない。MSCは、後述するアラスカのRFMやアイスランドのIRFのようなISOを依拠とした認証制度ではなく、ISEALに依拠とした認証制度である。ISEAL[15]とは、社会・環境保全のための認定・エコラベルの国際連盟（International Social and Environmental Accreditation and Labelling Alliance）の略であり、スイスに本部を置く国際標準機構（International Standard Organization、以下ISO）のように国際的な基準作りを専門に行う団体である。ただ、ISEALに特徴的なのは、環境や社会の持続性に貢献するための基準づくりのみを行う点である。また、ISOの場合は、ISOの基準を用いて認定審査を行う機関（認定機関）が加盟する団体、IAF（International Accreditation Forum：国際認定フォーラム）が別途あるのに対して、ISEALの基準を用いて認定作業を行うのは国際保証サービス社（ASI社：Assurance Service International）だけである点がISOとは多少異なっている。

MSCの認証審査を行う機関（認証機関）は、CAB（Conformity Assessment Body：適合性評価組織）と呼ばれるが、前述のようにASI社によって認定審査を受けることが義務付けられている。ASI社はドイツのボンに本部を置く。MSCは、2005年以前、認定作業を、自分たちの監査によって行なっており、厳密な意味での第三者認証の制度の形を取っていなかった。しかし、FAOのガイドライン（詳細に関してはコラム2を参照）が、認証機関がスキーム・オーナーによって直接監督されるだけでなく、スキーム・オーナーとは異なる団体、認定機関によって、認定されることを求めたために、ASI社に認定作業を外部委託するようになった[16]。ASI社を選択した背景には、MSCと

---

15 詳細は https://www.isealalliance.org/ 参照。

16 Gulbrandsen, 2009

同様にWWFが深く関わって設立された森林認証のFSCの認定機関であったことが大きな要因であった。ASI社の認定を導入し、2006年にMSCはFAOのガイドラインに準拠した認証制度であることを自己宣言した[17]。同社のサイトによると、MSCの認証審査を行う認証機関は、全世界で26社存在し、そのうち11社が漁業認証及びCoC認証の双方の審査を行うのに対して、15社はCoC認証の審査のみを行う[18]。ちなみに、日本には漁業認証を実施できる認証機関は2社、CoC認証を行うことができる認証機関が5社存在する。MSCのスキームの概要を図II3.1のようになる。

このように複数の認証機関が認証審査を行っているが、MSCは異なる認証機関でばらつきが出ないように細心の注意を払っている。例えば、漁業の審査に関しては、528ページにわたる詳細なガイダンスを提供しているだけでなく[19]、認証の審査を行う審査員に対してもトレーニングを徹底して実施している。また、認証審査において結果にばらつきが出ないよう、魚種と漁獲海域が

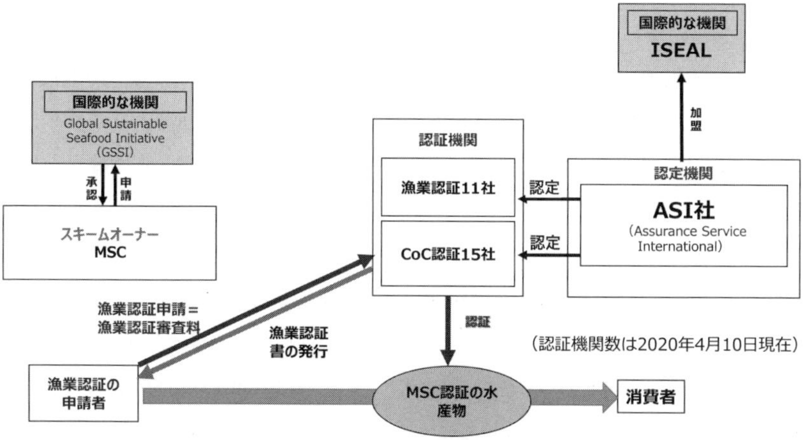

図 II.4.1　MSCの体制

---

17 Gulbrandsen, 2014A

18 MSCの認定機関を務めるASI社のウェブサイト http://www.accreditation-services.com/s/find-a-cab 参照。

19 MSC, 2014

同じ漁業の審査結果を同一にするためにハーモナイゼーションと呼ばれる措置を導入・実施している[20]。

コラム2 FAOのエコラベル・ガイドライン

2005年3月に国連食糧農業機関（以下FAO）の漁業委員会（Committee of Fisheries、以下COFI）にて採択されたのが、「海洋漁獲漁業からの魚及び水産物製品のエコラベリングのためのガイドライン（以下、FAOのガイドライン）」である。このFAOのガイドラインは、1995年にFAOが定めた「責任ある漁業のための行動規範（Code of Conduct for Responsible Fisheries）」に基づきどのような漁業管理であれば持続可能な漁業であるかを定めたものである。

このFAOのガイドラインはMSCに対抗する勢力（北欧諸国やアイスランド）によって推進されたが、MSCはこのガイドラインに則っていると自己宣言することで、本認証制度の信頼性を高め、ウォルマート社の調達基準に採用されることになったと言われる[21]（Gulbrandsen, 2014）。その一方で、このFAOのガイドラインは、後発の地域発の認証制度であるアラスカのRFMやアイスランドのIRFの立ち上げも可能にした。この点で、FAOのガイドラインは、MSCの認証制度及び地域の認証制度の双方にとって非常に重要な役割を果たしたと言える。

さらに近年、このFAOのガイドラインに新たな動きが出てきている。FAOのガイドラインは認証制度自らが準拠していると宣言できる方式を採っていたが、それでは客観性が担保できないとして、2013年より新しく持続可能な水産物のためのグローバル・イニシアティブ（Global Sustainable Seafood Initiative、以下GSSI）が立ちあげられた。GSSIは、ドイツ政府の資金的な支援を受け、2015年10月に、FAOのガイドラインをより具体化したベンチマーク（要件）を発表した。GSSIの要件に関する説明は315ページにわた

---

[20] Bush *et al.*, 2013
[21] Gulbrandsen, 2014

り、事細かに認証制度が満たすべきガバナンスや漁業・養殖の認証基準に関する要件が述べられている。GSSI では具体的に認証制度を審査することを通じて、どの認証制度が FAO のガイドラインの要件を満たしているかを発表している。現在のところ、MSC など 9 つの認証制度が GSSI の承認を受けている[22]。

4. 漁業認証の規格

MSC の漁業認証の規格、すなわち、MSC においてはどのような漁業であれば、「責任ある漁業」あるいは「持続可能な漁業」として認証されるのかを、詳しく見ていく。MSC の漁業の認証基準には表 II.4.1 が表すように、三つの原則が存在する。

表 II.4.1 MSC の漁業認証の原則

原則 1	資源の持続可能性	漁業は、過剰漁獲もしくは枯渇を引き起こさない方法で行わなければならず、枯渇状態にある固体群については、回復が実証できる方法で漁業が行われなければならない。
原則 2	漁業が生態系に与える影響	漁業活動は、漁業が依存する生態系（生息域や相互依存種、生態学的関連種を含む）の構造、生産力、機能、多様性を維持できるものでなければならない。
原則 3	漁業管理システム	漁業は、地域や国内、国際的な法と規制を尊重し、責任ある持続可能な資源利用を義務付ける制度及び運営体制を有する適切な管理システムが必要である。

設立当初は、原則 1 と原則 2 の下にそれぞれ 3 基準（Criteria）及び原則 3 の下に 17 の基準が設けられていたが[23]、現在では 28 の審査項目（Performance Indicators）が設定されいている[24]。また、それぞれの審査項目に関して、実際に認証機関の認証審査員のチームが何を見なければならないかを、細かく 528 頁に及ぶガイダンスで記載している。例えば、審査項目 1.1.1. の資源状態に関しては、下記の表 II.4.2 のようなガイダンスが設けられている。

[22] 詳細に関しては http://www.ourgssi.org/benchmarking/recognized-schemes/ 参照。
[23] Phillips *et al.*, 2007
[24] MSC, N.D.

表 II.4.2　審査項目 1.1.1. に対するガイダンス

審査項目	サマリー	実際に審査員がスコアを出すために利用する情報の種類
審査項目 1. 1. 1. 資源状態	審査項目 1.1.1 は、漁業が利用する資源・魚種に及ぼす影響を審査するために設けられている。資源・魚種が持続可能なレベルで利用されているのかを審査する。	・漁獲量と漁獲努力量 ・直近の漁業管理者への科学的なアドバイス ・直近の資源評価報告書 ・どのように管理目標値が設定されたかに関する情報 ・漁獲量、漁獲高、漁獲死亡係数、CPUE あるいは加入率に関する情報 ・加入が損なわれるレベル（PRI）、最大持続生産量（MSY）などの評価を行うために提供された情報

認証審査においては、認証機関の認証審査員のチームは、表 II.4.2 のリストに挙げられた情報を下に、それぞれの審査項目に対して、60 点、80 点、100 点の三段階で審査を行う。認証審査に合格するためには、すべての審査項目に対して最低でも 60 点を取り、なおかつ各原則の下に含まれる審査項目の平均が三つの原則すべてにわたって、平均 80 点以上を獲得しなければならない[25]。このように細かいガイダンスを MSC がスキーム・オーナーとして設けるのは、上述のように複数の認証機関が認証審査を行ってもばらつきがないようにするためである[23)]。

5. 漁業認証の単位

漁業認証の場合は、養殖認証のように養殖場のように所有権がはっきりと決まった対象を認証するわけではないので、一回の認証審査で認証される水産物の範囲（認証の単位）が非常に重要な問題となってくる。MSC の場合は、「魚種資源（生物学的な単位）と漁法・漁業に使われる漁具及び漁業の実践形態（船の数のなど）組み合わせ」によって決まると定義づけられている。つまり、例えば日本の事例でいけば、一漁業者が認証申請を行うことも可能であるし、漁協単位あるいは、さらに同じ魚種を対象とする複数の漁協の連合としても認証申請が可能である。この点では、柔軟性が確保されており、後述するア

[25] https://www.msc.org/for-business/fisheries/fishery-certification-guide を参照。

ラスカやアイスランドの認証制度とは大きく異なる。

6. 漁業認証の審査費用の負担

認証の費用の負担に関しては、審査を申請する漁業者が、認証機関に支払うことになっている。とある研究によると、漁業認証に関しては、一般的に初回審査に1万5,000米ドル（約160万円[26]）から12万米ドル（約1,300万円）の費用がかかるとされる[27]。また、このよう初回審査とは別に、毎年、認証を維持するための年次審査を行う必要がある。この認証審査の費用をどのように負担するかが、大きな課題となっているが、近年は様々な団体からの助成金が存在しており、日本における認証審査においても、審査費用の半額が補助されているケースが多い。

7. CoC認証の規格

CoC認証の規格とは、認証された水産物（認証製品）が他の水産物（非認証製品）と混合されることなく消費者まで記録を持って届くようにする仕組みを保証するための認証の規格であり、基本的には認証製品と非認証製品が混ざらないようにする分離の仕組みと、どこで生産されどのように流通しているのかを記録するトレーサビリティーの仕組みからなる。MSCも他のエコラベルと同様にCoC認証の規格を持っており、認証製品を扱う流通加工業者はこのCoC認証を取得しなければ、MSCのエコラベルを付けて水産物を流通、加工、販売することはできない。CoCの規格は5つの原則に分かれており、詳細をまとめると表II.4.3のようになる。また、一つの流通加工業者が申請した場合に用いられる標準ヴァージョン、複数の業者がグループを形成して申請した場合に用いられるグループ向けヴァージョン及びスーパーマーケットなどの消費者に直接販売する店やレストラン向けのヴァージョンが存在し、漁業認証の規格と同様に、それぞれの原則の下に審査項目が設けられている。

[26] 1米ドル＝112円で計算。以下米ドルに対して同等の換算レートを使用。
[27] Christian *et al.*, 2013

表 II.4.3　MSC の CoC 認証の原則

原則 1	認証製品は認証取得サプライヤーから購入されなければならない
原則 2	認証製品であることが識別できなければならない
原則 3	認証製品は分別されなければならない
原則 4	認証製品は追跡が可能で、重量が記録されなければならない
原則 5	事業者の管理システムは、CoC 認証規格の要求事項に対応するものでなければならない

ただし、CoC の認証審査にあたっては、漁業規格のような点数制ではなく、合否（PASS/ FAIL）のみで審査され、事業者はすべての審査項目に合格しなければ認証されることはない。また、MSC と養殖の水産物の認証の制度である ASC は共通の CoC 認証規格を利用している。

8. MSC エコラベル

MSC の漁業認証を漁獲から生産された製品で、CoC 認証を受けた流通加工業者によって扱われた製品は、図 II.4.2 のようなエコラベルを添付することができる。このエコラベルを使用する事業者は、年会費と売り上げの 0.5%のロイヤリティー費を支払わなければならない。年会費は、売り上げによって三段階（160 英国ポンド（約 2 万 3,000 円)、800 英国ポンド（ 約 11 万 6,000 円)、1,600 英国ポンド（約 23 万円)）に分かれている。ロイヤリティー費に関しては、表 II.4.4 のように売り上げによって変わってくる。

先述のように、MSC の年間の総予算は 2,600 万英国ポンドである。そのう

図 II.4.2　MSC のエコラベル

表 II.4.4　ロイヤリティー費の売上高に対する比率

認証製品の売上高	ロイヤリティー費の売上高に対する比率
～ 1,000 万英国ポンド（約 14 億円）	0.5%
1,000 万英国ポンド～ 2,000 万英国ポンド（約 28 億円）	0.45%
2,000 万英国ポンド～ 3,000 万英国ポンド（約 42 億円）	0.4%
3,000 万英国ポンド～ 4,000 万英国ポンド（約 56 億円）	0.35%
4,000 万英国ポンド～	0.3%

ち 80%をエコラベル収入が賄っている。2006 年の段階ではこのエコラベル収入が予算全体に占める割合は 7%、また 2011 年の段階においても 49%に過ぎなかったことを考えると、近年このエコラベル収入が急激に増加していることがわかる[28]。それと同時に、MSC はそれまでのパッカード財団やウォルトン財団などのアメリカの大手の慈善団体からの寄付金に依存した体質を脱することができた。

9. 認証件数の伸び

MSC の 2018-19 年次報告書によると、2019 年 3 月末日の段階で、漁業の認証においては、41 か国で 361 の漁業が認証されており、2012 年の 181 生産者から急増している。また、漁獲高ベースでは 1,180 万トンであり、全世界の漁獲の 15%が MSC によって認証されている。漁獲高ベースの認証水産物の推移は図 II.4.3 に示す通りで[29]、2016 年から 2017 年にかけて 86 の漁業が認証審査を受け、49 の漁業が新しく認証を受けた。

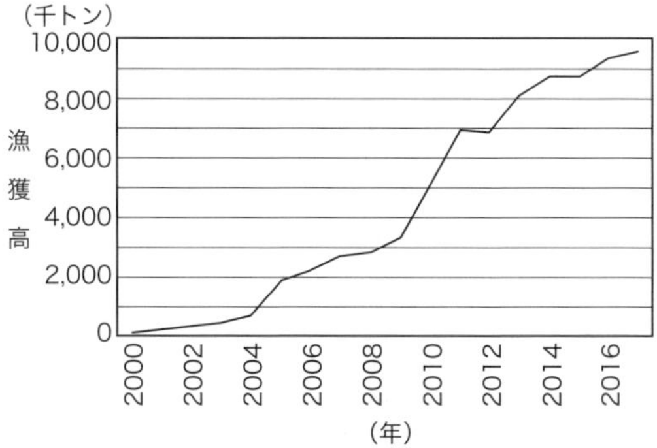

図 II.4.3　MSC の漁業認証の推移（漁獲高ベース）

また、CoC 認証に関して述べると、全世界で

[28] Christian *et al.*, 2013

[29] MSC, 2017A

4,611社が認証を受けており、3万7,000の製品にMSCエコラベルが添付されている。CoCの認証件数を示すと、図II.4.4のようになる。2006年以降、急激な伸びが見られるが、これは、2006年に世界最大のスーパーマーケット・チェーンのウォルマート社が、自社の水産物の調達基準として、MSCを利用することを発表したことに起因すると考えられる[30]。

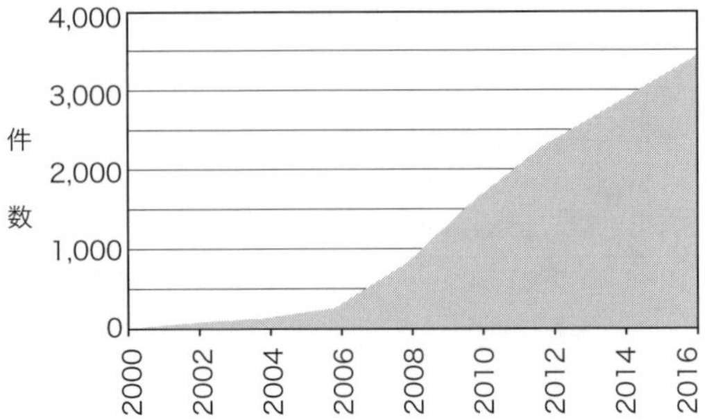

図II.4.4　MSCのCoC認証の推移（件数ベース）

コラム3　FIP：漁業改善プロジェクト

FIP（Fisheries Improvement Project：漁業改善プロジェクト）は、MSCの漁業認証の基準の要求を満たすことができない漁業を救済するために、改善策を実施し、当該の漁業がMSCの認証を受けることができるようにするプロジェクトのことを指す。FIPという用語は、1990年代から複数の関係者が協力して、漁業の改善を目指すプロジェクト全般を指す用語として使われており[31]、MSCの認証を目指すものではなかった。それがMSCの認証取得を目指すものとして使われるようになったのは、2000年代半ばのことである。前述のようにこの時期、ウォルマート社が水産物の調達基準としてMSCを利用することを発表したことにより、MSCによって認証された水産物の需要が一気に高まった。しかしながら、2004年の段階でMSCによって認証された漁業は15であり、その漁獲高は世界の1%に過ぎなかった[32]。

つまり、この時期需要は一気に高まったが、供給は追いつかないという現状

---

[30] 詳細に関しては http://corporate.walmart.com/global-responsibility/environment-sustainability/sustainable-agriculture 参照。

[31] Deighan and Jenkins, 2015

[32] Ponte, 2012,2008

があった。そのような中で注目されたのが FIP である。例えば、前述のウォルマート社の水産物の現行の調達基準を見ると、「MSC、BAP あるいは GSSI によって承認された認証制度の認証を受けた水産物、あるいは FIP 及び養殖改善プロジェクト（Aquaculture Improvement Project）を実施している漁業から生産された水産物[33]」となっている。

このように FIP は調達基準として採択されたが、当時の FIP は 16 の異なる NGO によってそれぞれのガイドラインを用いて実施されており、どれが信頼に足る FIP なのかを巡って、大きな混乱が生じた。さらに、一部の研究者からは、FIP は改善プロジェクトを始めさえすれば、欧米への市場へのアクセスが与えられてしまうため、その後漁業が改善される保証がないと批判もされた[34]。このような問題を解決すべく、2012 年に「シーフード・ソリューションのための保全同盟（Conservation Alliance For Seafood Solution：CASS)」が設立された。CASS は、アメリカやカナダなどの財団[35]からの資金援助を受け、FIP を実施するすべての団体が利用すべきガイドラインを発表するとともに、FIP の進捗状況を確認するためのデータベースを作った。このように統一のガイドラインを制定することで、FIP の信頼性を確保するともに、データベースを作ることを通じて流通加工業者も簡単に自分の仕入れ先の FIP が進捗しているのをチェックすることが可能になった。

現行の CASS のガイドラインによると、FIP はステージ 0 からステージ 6 に進捗していく。（それぞれのステージで求められる事項の詳細に関しては、表 II.4.5 FIP の各ステージを参照。）また、FIP は、ベーシック FIP（Basic FIP）と包括的な FIP（Comprehensive FIP）に分かれる[注]。両者の最大の違いは、ベーシック FIP はプロジェクト完了時に MSC 認証を取得することを

[33] https://corporate.walmart.com/policie 参照。

[34] Sampson *et al.*, 2015

[35] 現在の CASS の支援団体は下記の通り。（詳細は、http://solutionsforseafood.org/ 参照。）
カナダ：Ocean Wise, Living Oceans, David Suzuki Foundations、Ecology Action Centre
アメリカ：Ocean Outcomes, Conservation International、SeaWeb、New England Aquarium、Seafood Watch、WWF、Sustainable Fisheries、Gulf Marine Research Institute、Fishwise、Fishchoice.com、EDF、Shed Aquarium

表 II.4.5　FIPの各ステージ

ステージ0　FIPの発見（FIP IDENTIFICATION）
・FIPの実施によって、改善される漁業の選定及びそのサプライチェーンの確定
ステージ1　FIPの計画（FIP DEVELOPMENT）
・MSCの認証基準の要求事項に従って、どの点に改善が必要かを明らかにする。 ・漁業が行わられる環境への負荷の評価 ・コンサルタントによるFIPの範囲の設定を行う。 ・ステークホルダーのマッピング
ステージ2　FIPの開始（FIP LAUNCH）
・FIPへの参加の確認—CASSとの覚書締結 ・参加者全体でのミーティング ・具体的な実施計画の立案：目的、実施活動のリスト、各活動を実施する主体、実施時期、活動の達成度を測る指標、予算を含む。
ステージ3　FIPの実施（FIP IMPLEMENTATION）
・実施計画の活動の実施 ・進捗状況の報告
ステージ4　漁業実践あるいは漁業管理の改善 （IMPROVEMENTS IN FISHING PRACTICE OR FISHERIES MANAGEMENT）
・漁業政策及び漁業管理体制の改善 ・MSCの漁業管理・制度に関する要求事項へのスコアの改善
ステージ5　海の生態系の改善（IMPROVEMENT ON WATER）
・MSCの生態系や資源量に関する要求事項のスコアの改善 ・海上での目に見える環境の改善
ステージ6（選択制）　MSC認証審査　（(OPTIONAL) CERTIFICATION BY MSC）
・MSCの認証審査

目指さないのに対して、包括的なFIPはMSC認証の取得を目指す点である。そのため、包括的なFIPにおいては、MSCの認証審査機関を用いて、予備調査（ギャップ・アナリシス）を行い、各ステージへの進捗状況を確認することが求められる。

注）調達基準に、包括的なFIPのみを持続可能な水産物として利用するのか、あるいはベーシックFIPも含めて持続可能な水産物として利用するのかは、それぞれの業者の判断に任されている。(CASSが2017年5月5日に実施したFIPのウェブ上のセミナーにて、筆者が確認した。)

II-5 ASC：水産養殖管理協議会
(Aquaculture Stewardship Council)

ASCは2004年頃から、FSCやMSC（II -4参照）などの立ち上げを行ったWWFによって、設立が開始された。WWFは、ASCの立ち上げにおいては、IDH（詳細に関してはコラム4参照）とパートナーシップを組み、様々なステークホルダー会合を実施しながら、認証の基準づくりを行っていった。その6年後の2010年に、オランダのユトレヒトを本部として設立され、2018年8月に3つ目の養殖の認証制度としてGSSIに承認を受けた。

1. ASCの設立の背景

ASC設立の背景としては、世界的な規模で養殖の生産量が急増していることが挙げられる。FAOの報告書によると、2018年現在、世界の水産物の生産量1億7,100万トンのうち、53%が天然漁獲によって生産されているのに対して、47%が養殖から生産されている。天然漁獲は生産量が1980年代よりほぼ横ばいであるのに対して、養殖は1961年から年率3.2%の割合で増加している[36]。このような中、養殖業界の環境への負荷やその給餌に関して批判が寄せられるようになった。

こうした批判に応える形で、様々な卸売り業界が天然漁獲だけでなく、養殖に関しても調達基準を発表した。とくに、2006年にウォルマート社が水産物の調達基準を表明したことが大きな影響を及ぼしている。ウォルマート社は、天然漁獲に関しては、MSCの認証制度及びFIPをその調達基準として利用したが、養殖に関しては業界主導で設立された「グローバル・養殖同盟（Global Aquaculture Alliance：GAA)」の最良の養殖の実践（Best Aquaculture Practice：BAP）（次節II –6を参照）の認証制度をその調達基準として採用した。しかしながら、当時BAPによって認証された水産物の市場における流通

[36] FAO, 2018

量は非常に少なく、大手の需要を満たすには不十分であるとの懸念がおきた[37]。また、GAA は養殖業者を中心とした団体であったことが、環境 NGO によって批判されることにもつながった。

そのような中、立ち上げが進め られたのが ASC である。当初は、WWF は ASC を独立した団体として立ち上げるのではなく、MSC の一部として立ち上げることを模索したが、MSC は養殖認証の基準まで手を広げることを渋ったといわれる。そのため WWF は、オランダに本部を置いていた IDH をパートナーとして、オランダに本部を置く形で ASC の立ち上げを行った[38]。

現在、ASC は 9 種類の養殖認証の基準（二枚貝、ブリ・スズキ類、サケ類、淡水マス類、アワビ、エビ、パンガシアス、ティラピア、海藻）を持っている。天然漁獲の認証制度と一番大きく異なる点は、社会的な責任（養殖場で働く従業員の労働環境などに関する要件）がその認証の基準に含まれている点である。2019 年 1 月の段階で、世界 39 か国で、799 の養殖場が ASC によって認証されている。また生産量としては、年間 16 万トンとなっている[39]。

コラム 4　IDH：持続可能な貿易イニシアティブ（The Sustainable Trade Initiative）

「持続可能な貿易イニシアティブ（The Sustainable Trade Initiative、以下 IDH）」は 2008 年に設立されたオランダに本部を置く NGO であり、主にはオランダ、デンマーク及びスイス政府からの資金援助を受けている[40]。IDH のミッションは、貿易、市場、金融を通じて持続性を達成することになる。現在、コーヒー、ココア、養殖、綿花など、複数の分野の認証制度に関わっている[41]。ただし、認証制度のスキーム・オーナーではなく、IDH は GSSI と同じ

---

37 Vandergeest and Unno, 2012

38 Havice and Iles, 2015

39 2019 年 1 月に東京大学において開催されたシンポジウムにおける ASC の山本浩次氏の発表より。

40 2019 年 3 月に実施した IDH の代表のフラビオ・コミン氏へのヒアリングから。これらの政府以外にも各プロジェクトに対しては米国、英国などからも資金援助を受けている。

41 詳細に関しては、https://www.idhsustainabletrade.com/ 参照。

ようにどのような認証制度であれば持続性を達成できるのかを図るベンチマークを設定し、それに対して個別の認証制度の評価を行っている。ベンチマークを受けるかどうかはそれぞれの認証制度の自由であるが、これを実施することによって、市場における認証制度の信頼性が高まる。

また、2008年のASCの設立に大きな役割を果たしたが、現在はASCに直接関わっておらず、認証制度そのものではない新しいイニシアティブである「持続性が担保された地域（Verified Sourcing Area、以下VSA）」を実施している。これは、単に認証制度によって市場に出荷される商品が持続的に生産されたことを裏付けるのではなく、特定の地域において生産者、流通加工業者、NGO及び金融関係者などのステークホルダーで合意を形成し、持続可能な製品を生産することを目的としている。特に、この試みが興味深い点は、ステークホルダーがどのような持続性にプライオリティーを置くかを決定できる点と、単に一旦、製品が認証の基準を満たせば持続性を達成できたと考えるのではなく、プロジェクトの開始前をベースラインとして捉え、どのように進歩したのかを図ることを試みている点である。また、単に生産者・流通加工業者だけでなく、プロジェクトに金融関係者を巻き込むことで、プロジェクトの投資及び資金獲得の持続性を担保しようとしているところである。実際、森林の認証制度である「森林管理協議会（Forest Stewardship Council、FSC）」などは、大手の銀行と組み、投資先の企業がFSCを調達基準に用いない場合は、投資を行わない方針を打ち出しており、このような取り組みをさらに一歩進めた形であると言える。

2. 組織概要

スキーム・オーナーであるASCは、「持続可能で、社会的責任を負い、環境的にも適正に管理された[42]」養殖の水産物を市場に提供することを目的として設立されている。その最高意思決定機関は、取締役会（Supervisory Board）であり、その下に技術助言グループ（Technical Advisory Group）が

[42] https://www.asc-aqua.org/ja/ascについて/asc-の戦略/より抜粋。

存在する。この技術助言グループによって認証の基準は策定・改訂される。ただし、CoC 認証の基準に関しては、MSC と共通のものを利用しており、この部分に関する策定・改訂は行なっていない。また、近年、ASC では MSC の認証取得を目指す漁業が実施する漁業改善プロジェクト（FIP）と類似した養殖改善プロジェクト（AIP：Aquaculture improvement Project の実施のガイドラインの策定等も模索している[43]。またその財政は、7 割前後が MSC と同様にそのロゴマークの収入から賄われている[44]。

3. スキームの概要

ASC は第三者認証制度として確立されている。ASC は MSC と同様に、ISEAL に依拠した認証制度である（ISEAL に基づく制度と ISO に基づく制度の違いに関してはコラム 5 参照）。ASC の認証審査を行う機関（認証機関）は、MSC と同様に CAB と呼ばれ、ASI 社によって認定審査を受けることが義務付けられている。同社のサイトによると、ASC の認証審査を行う認証機関は、全世界で 14 社存在し、全ての CAB が ASC の養殖の認証審査及び

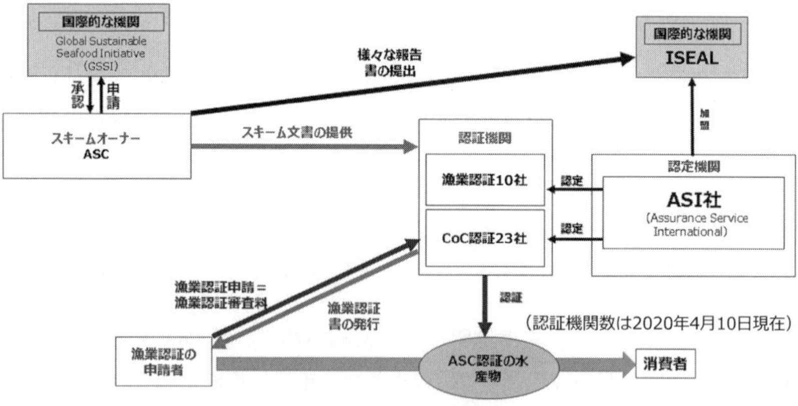

図 II.5.1　ASC の体制

[43] ASC の Roy van Daatselaar 氏との E-mail でのやり取りより（2019 年 2 月 19 日）。
[44] 2019 年 3 月に実施した ASC の堀井春子氏からのヒアリングより。

CoCの認証審査を行う[45]。多くのCABが全世界で認証審査を行うとなっているが、一部はヨーロッパのみで認証審査を行うCABとなっている。ASCのスキームの概要を図示すると図II.5.1のようになる。

コラム5　ISOとISEALを基礎とした認証制度

認証制度のガバナンスのあり方には大きく分けてISOを基礎とした認証制度とISEALを基礎とした認証制度が存在する。これは認定、すなわち認証審査を行う機関をどのように審査するのかに関わる問題である。

ISOを基礎とした認証制度は、認証機関が認証審査を行う能力を持っているかどうかを判断する（認定審査）にあたり、「国際認定フォーラム（International Accreditation Forum、以下IAF）」に加盟している認定機関を利用する。IAFに加盟する認定機関は、一国に対して一機関と限定されており、日本では日本適合性協会（Japan Accreditation Board、以下JAB）がIAFに加盟する認定機関である。これらの認定機関は、それぞれの国よって形態は様々である。例えば、アイルランド国立適合性協会（Ireland National Accreditation Board、以下INAB）は、国家によって運営されている。日本の場合は、公益財団法人として設立され、すなわち半官半民に近い。さらに、米国のANSI（American National Standard Institute）のように一般企業である場合もある。また認定審査に際しては、「ISO17065、適合性評価‐製品、プロセス及びサービスの認証を行う機関に対する要求事項」及びスキーム・オーナーが定める認証機関への要求事項に従って審査が行われる。さらに、これらのIAF加盟の認定機関は、相互監査を行うことで、認定審査が一定の基準を保つことを保証している。

これに対して、ISEALを基礎とした認証制度の認定審査は、ドイツに本部を置くASI社が全て行うことになっている。この点が認証制度のガバナンスでは問題視されることも多いが、その一方で、スキーム・オーナーへの監査も

45 ASCの認定機関を務めるASI社のウェブサイト、http://www.asi-assurance.org/s/find-a-cab#http://www.asi-assurance.org/s/find-a-cab# 参照。

行っており、この点がISOを基礎とした制度とは大きく異なる。監査は下記の3種類が存在する。

1. 認証の基準の設定が明確になされているかを審査する、基準設定コード（Standard Setting Code）に対する監査
2. 認証機関が一定の基準を遵守して認証審査を実施しているかを審査する、品質管理コード（Assurance Code）に対する監査
3. 認証制度が一定の持続性などに関して成果を上げているかどうかを審査する、インパクト・アセスメント・コード（Impact Assessment Code）に対する監査

この3種類の監査は認定審査とは別途であり、スキーム・オーナーに対するものである。

4. 養殖認証の基準

前述のようにASCの養殖認証の基準は、魚種ごとに異なる基準が存在するが、どの認証の基準も、表II.5.1に示す7つの原則（Principle）から構成されている。

表II.5.1　ASCの養殖の認証基準の原則

原則1	法的適合性
原則2	自然環境と生物多様性の保護
原則3	種の多様性と天然魚の個体群の保護（天然魚にとって脅威となる養殖魚の脱走防止など。）
原則4	動物用飼料や他の資源の責任ある使用
原則5	資源の効率的な利用
原則6	動物の健康（抗生物質の使用など）
原則7	社会的責任（児童労働の禁止、労働者の健康と安全、集会の自由、コミュニティーとの良好な関係など）

また、それぞれの原則の下に下位規定（Criterion）が設けられている。例えば、アワビ類の養殖の認証基準であれば、26の下位規定が存在する。さらに、下位規定の下に指標（Indicator）があり、例えば第2原則（自然環境と生物多様性の保護）の第2下位規定（海洋での養殖における海底の沈殿物の

構成に対する影響）の下には、表 II.5.2 のような指標がある[46]。

養殖の認証基準において特徴的である社会的責任について見てみると、表 II.5.3 に示すような 8 つの下位規定が存在する。基本的にこれらの社会的な責任は全ての 9 つの養殖認証の基準において共通に適応される。このような社会的責任に関しては、近年非常に関心が高まってきており、様々な国際的な会議において共通の社会的責任に関する認証基準を策定する動きが見られる。また、天然漁獲の認証基準にも適応する動きが見られる。

認証審査においては、該当する審査項目にすべて合格することが求められる。養殖認証の審査は、天然漁獲の漁業の認証審査よりは、有機農法に関する認証審査と類似した性格を持つ。有機農法においては、農薬や化学肥料などの使用の管理の記録を見て、認証審査を行っていく。同様に、養殖認証の審査においても、養殖場における抗生物質など化学物質が生態系に及ぼす影響の評価を、その使用の管理の記録などから審査する。

また、養殖認証においては、天然漁獲のような認証の単位が問題となることはなく、認証の単位は基本的に認証申請者が持つ養殖場あるいは指定する養殖場がその認証単位となる。

表 II.5.2　ASC における下位規定と指標

下位規定		指標と要求事項
規定 2.2.1.	海底で測定された、表層堆積物（地表から 0 ～ 2 センチメートル）中に存在する総一硫化物が許容されるレベル	・1,500 μm 以下である場合は、5 年間に 1 回の調査のみ ・1,500 μm 以上、3,000 μm 以下である場合は、毎年調査
規定 2.2.2.	測定された表層堆積物中の許容されない総一硫化物のレベル	3,000 μm 以下
規定 2.2.3.	生物学的なアプローチが適当である場合に、硫化物分析は底生生物の構成分析によって代替できるかどうか？	はい
規定 2.2.4.	広域の生態系の中で非常に重要な生物学的あるいは生態学的な機能を果たす地域においてアワビの養殖が許容されるかどうか？	いいえ

[46] ASC, 2012

表 II.5.3　ASC における労働基準の下位規定と指標

下位規定		指標と 要求事項	備考
規定 7.1.1.	児童労働に関わる事件	0	児童とは 15 歳以下の人間を指す。 児童労働とは、15 歳以下の人が行う労働のことである(詳細は ILO 協定 138 条)。
規定 7.2.1.	強制労働、監禁下での労働、強要労働に関わる事件	0	監禁下での労働とは、奴隷や人身売買の結果として強要された労働を指す。
規定 7.3.1.	差別にまつわる事件	0	
規定 7.4.1.	被雇用者のいかなる健康や安全に関わる事件に関しても記録が存在すること	はい	
規定 7.4.2.	全ての被雇用者が労働安全、及び健康に関してのトレーニングを受けることができるような体制が整っていること	はい	
規定 7.4.3.	雇用者は被雇用者が怪我をした場合などにその医療費を賄うことができるように保険に加入していること	はい	
規定 7.5.1.	公平で、適切なレベルの賃金の支払い	はい	
規定 7.6.1.	被雇用者は結社の自由、集団交渉権を持っていること	はい	
規定 7.7.1.	養殖場で虐待が疑われるような懲罰に関わる事件	0	
規定 7.8.1.	法の規定を上回るような残業や時間外労働に関する事件がないこと	0	

5. CoC 認証の基準

ASC は独自の CoC 認証の基準を持っておらず、MSC の認証の基準をそのまま用いる仕組みとなっている。すなわち、MSC の CoC 認証を受けた流通加工業者は、ASC の認証製品も扱うことができる。詳細に関しては、すでに MSC の CoC 認証において述べた（p.83 参照）ので、割愛する。

6. ロゴマーク

ASC によって認証された養殖場で生産された水産物で、MSC の CoC 認証を受けた流通加工業者によって扱われた製品は、図 II.5.2 のようなロゴマー

図 II.5.2　ASC のロゴマーク

クを添付することができる。このロゴマークを使用する事業者は、MSC と同様に、年会費とロイヤリティー費を支払わなければならない（詳細に関しては p.83 を参照）。

Ⅱ-6 BAP：最良の養殖の実践
(Best Aquaculture Practice)

BAPは、2003年に国際的なNGOであるGAA（Global Aquaculture Alliance：グローバル・養殖同盟）が設立した認証制度である。GAAは、環境にも社会にも優しい形で養殖業を実践することを普及させるために、養殖に関わる業者が立ち上げたNGOである。GAAは1997年にアメリカ、ヨーロッパやアジアの59の企業がメンバーとなり、設立された。現在は70か国の1,100以上のメンバーから構成されており、養殖に関わる企業が参加している。2017年10月に1つ目の養殖の認証制度としてGSSIに承認を受けただけでなく、2018年10月にはGFSI（Global Food Safety Initiative：グローバル・フード・セイフティー・イニシアティブ）の承認も受けている。

1. BAP設立の背景

1970年代ごろより、養殖業が環境及び人体に対して及ぼすネガティブな影響に対する批判が高まった。環境に関して言えば、本来のその生態系には存在しない種が養殖場から逃げ出すことによる生態系の攪乱、人体に関して言えば、養殖過程で魚に与えられる抗生物質の人への健康被害などが問題視された。さらに、環境NGOからは、養殖業に用いられる餌（イワシなどの魚粉に利用される小魚）の投入量が、養殖業で生産される魚の漁獲量よりも多いのではないかとの批判がなされた。とくに、サケの養殖においては、1キロのサケを養殖で生産するにあたって、8.5キロの餌が必要となり、餌に加工される小魚を人間が消費した方が、効率が良いのではないかとの議論をよんだ[47]。このような中、いくつかの認証制度が立ち上げられた。その一つがBAPである。

GAAのヴィジョン・ステートメントによると、環境及び現地のコミュニティーと調和した養殖業のシステム構築を目指すとともに、養殖業の効率性、

[47] Pinto and Furci, 2006

マーケティングの戦略の向上を目指し、また、養殖業の重要性に関するアドボカシーを実施することを目指すとされている[48]。GAAは1999年に「責任あるエビ養殖の実践規範（GAA実践規範：Code of Practice for Responsible Shrimp Farming）を策定している。この実践規範は4つのカテゴリーに関して、どのような養殖であれば責任ある養殖であるかを明らかにしている。詳細は、表II.6.1にまとめた通りである。この実践規範が画期的なのは、FAOよりも前にこのような規範をまとめている点である。確かに、1995年にFAOは「責任ある漁業に関する行動規範」を発表しているが、これは天然漁獲に関するものであり、FAOが養殖に関する同様の規範を発表したのは、2006年のことである。つまり、GAAはFAOよりも7年も前にその先駆けとも言える実践規範を発表している。このエビ養殖に関する実践規範をさらに一歩進める形で開発されたのがBAPの認証基準である[49]。

表II.6.1　GAA実践規範

カテゴリー1	コミュニティー
カテゴリー2	環境
カテゴリー3	食品の安全性
カテゴリー4	トレーサビリティー

2. 組織概要

前述のようにBAPのスキーム・オーナーであるGAAは1997年に養殖業を営む企業の連合として設立された。よって、ASCやMSCのように認証制度を維持・運営するためにできた団体ではなく、GAA自体は、認証制度の運営以外にも養殖業のための国際リーダーシップ会議（GOAL：Global Outlook for Aquaculture Leadership）や持続可能な養殖業を実践したいと考える企業に対して様々なサポート業務を実施している[50]。認証制度の維持管理はGAAの

[48] 詳細は、https://www.aquaculturealliance.org/about-gaa/を参照。
[49] Havice and Iles, 2015
[50] 詳細に関してはhttps://www.aquaculturealliance.org/about-gaa/を参照。

一部門に過ぎない。

3. スキームの概要

BAP は、他の認証制度と同様に、ISO に基づいた第三者認証制度として確立されている。認証機関としてはグローバル・トラスト社（アイルランド）、ビューロー・ヴェリタス社（アメリカ）、SGS 社（アメリカ）、NSF 社（アメリカ）コントロール・ユニオン社（オランダ）及びロイド・レジスター社（イギリス）を利用している。また認定機関は、アイルランドの INAB、アメリカの ANSI、オランダのオランダ認定協会（Dutch Accreditation Council）及び英国の英国認定サービス（United Kingdom Accreditation Service）を利用している。

また、BAP の認証の基準は、技術委員会（Technical Committee）によって立案された後に、パブリックコメントにかけられ、認証基準委員会（Standard Oversight Committee）によって承認される。このような形がとられるようになったのは、2000 年代に GAA の BAP の認証の基準が批判にさらされたためである。それまで、BAP の認証の基準は、養殖業に関わる企業の代表者からなる委員会によって設定されていたため、養殖業が生態系に対して及ぼす影響や、強制労働といった社会的な責任の部分に関して基準が甘いとの批判が上がった[51]。現在では、両委員会とも、産業界の代表だけでなく、NGO、政府関係者及び学識経験者を含むようになっている[52]。

4. 養殖認証の基準

養殖認証の基準に関しては、一般的に二つの認証の基準、有機認証の基準及び有機ではない認証の基準が存在する[53]。BAP の養殖認証の基準は有機の認証ではない。認証の基準は、GAA の実践規範のカテゴリーに動物愛護（Animal

---

[51] Lazard *et al.*, 2010

[52] このような GAA の改革に対して、WWF は改革が十分ではないとして、ASC の立ち上げを 2004 年ごろより模索し始めた（Havice and Iles, 2015）。

[53] Daniel Lee, 2008

Health and Welfare）の観点を加えたものである。

現状では、7つの養殖認証の基準（ナマコなどの軟体動物（Mollusk）、ヒレのある魚種・甲殻類（Finfish and Crustacean）、パンガシウス種（Pangasius）、テラピア種（Tilapia）、ナマズ種（Channel Catfish）、ヒレのある魚類・甲殻類の孵化場、魚粉工場及びサケ種（Salmon）用の認証の基準）が存在する。また、このような魚種別の認証の基準とは別に、小規模な養殖業者がグループで認証を獲得する際に満たさなければならない基準として、バイオセキュリティーのための広域管理（Biosecurity Area Management）の認証の基準が存在する。このような基準を設けることで、小規模な養殖業者でも、グループで認証取得をすることを可能にしている。

5. CoC認証の基準

BAPが非常に特徴的なのはそのCoC認証の基準である。CoC認証の基準においては、一般的には、トレーサビリティーの仕組みと認証製品と非認証製品の分離（Segregation）を確保するための仕組みが定めている。しかし、BAPのCoC認証の基準においては、それらに加えて、食品安全や環境保全の観点が含まれており、その名称もCoC認証の基準ではなく、水産物の加工工場に関する認証の基準（Seafood Processing Plant Standard）となっている。その定める内容をまとめると、表II.6.2のようになる。

表II.6.2　BAPの水産物の加工工場に関する認証の基準

カテゴリー1	内規の維持・管理（Regulatory Management）
カテゴリー2	品質管理システム（Quality Management System）
カテゴリー3	被雇用者の管理（Staff Management）
カテゴリー4	環境及び廃棄物の管理（Environment and Waste Management）
カテゴリー5	食品安全管理（Food Safety Management）
カテゴリー6	検証体制の維持・管理（Verification Management）
カテゴリー7	トレーサビリティー維持・管理（Traceability Management）

6. ロゴマーク

BAP の水産物の加工工場に関する認証の基準を満たした工場から生産された製品は、BAP のロゴマーク（図 II.6.1）を利用することができる。ロゴマークの使用に関しては GAA と認証マークのライセンス許諾契約書（BAP Certification Mark Licensing Agreement）を結ぶことが求められる。しかしながら、ASC や MSC のようなロイヤリティー費用はかからない[54]。これは GAA が会員の会費によって運営されていることに起因するのかもしれない。

BAP のロゴマークに関して興味深いのは星を利用したレーティングシステムを使っているところである。つまり一律にロゴマークがあるかないかで判断するのではなく、BAP の認証製品を生産段階のどこまで利用しているかによって、1 つ星から 4 つ星までのレーティングを行っている。レーティングの詳細は表 II.6.3 にまとめた通りである[55]。

図 II.6.1　BAP のロゴマーク

[54] GAA, 2017A
[55] GAA, 2017B

表 II.6.3 BAP ロゴマーク使用時のレーティングシステム

★★★★ (4 つ星)	BAP 水産物の加工工場に関する認証の基準を満たした工場から生産されている。 また、その工場は、BAP の認証を受けた養殖場より生産された原料を利用している。 さらに、その養殖場は、BAP の認証を受けた孵化場のみから幼魚を購入し、BAP の認証を受けた魚粉のみを使用している。
★★★ (3 つ星)	BAP 水産物の加工工場に関する認証の基準を満たした工場から生産されている。 また、その工場は、BAP の認証を受けた養殖場より生産された原料を利用している。 さらに、その養殖場は、BAP の認証を受けた孵化場のみから幼魚を購入しているか、あるいは、BAP の認証を受けた魚粉のみを使用している。
★★ (2 つ星)	BAP 水産物の加工工場に関する認証の基準を満たした工場から生産されている。 また、その工場は、BAP の認証を受けた養殖場より生産された原料を利用している。
★ (1 つ星)	BAP 水産物の加工工場に関する認証の基準を満たした工場から生産されている。

II-7 グローバル G.A.P.：良い農業・養殖の実践

(Global Good Agriculture/Aquaculture Practice)

グローバル G.A.P. は、1999 年に農業に関するイニシアティブとして始められた。グローバル G.A.P. は、生産者と流通加工業者が平等なパートナーシップを結ぶ形で結成された[56]。ゆえにグローバル G.A.P. には、養殖の認証の基準だけでなく、作物や畜産に関わる認証の基準も存在する。養殖に関しては、2004 年頃より認証の基準の検討がなされ、2007 年に認証制度として開始された。2018 年 4 月に 2 つ目の養殖の認証制度として GSSI に承認を受けた。さらに前述の BAP と同じく、2019 年 1 月に GFSI の承認も受けている。

1. グローバル G.A.P. の設立の背景

グローバル G.A.P. は前述のように、1997 年に農業に関わる生産者と流通加工業者の団体としてヨーロッパで設立された。設立当初は、EUREPGAP という名称であったが、2007 年に現在のグローバル G.A.P. に名称を変更している。現在では、135 か国以上の農場、養殖場が認証されている[57]。グローバル G.A.P. の発展の歴史をまとめると、表 II.7.1 のようになる。

2. 組織概要

グローバル G.A.P. の認証の基準は、「農業生産者が、安全で持続可能な農業を実践し地域経済に貢献するための羅針盤として、またトレーサビリティ担保による取引先や消費者の信頼性、透明性確保の手段として活用される[58]」こと

[56] Hilbrands, 2008
[57] 詳細は、https://www.globalgap.org/uk_en/who-we-are/about-us/history/ を参照。
[58] 詳細は、https://www.ggap.jp/?page_id=35 を参照。

表 II.7.1　グローバル G.A.P. の発展の歴史

1999 年 （パリ、フランス）	EUREPG.A.P. の初会合が開かれ、17 の流通加工業者が参加し、独立した認証制度を設計することに関して合意。
2000 年 （バルセロナ、スペイン）	生産者と流通加工業者が果樹と野菜の認証の基準に関して合意
2001 年 （ボローニャ、イタリア）	ISO ガイド 65 を利用して、認証機関の認定を行うことを合意
2003 年 （マドリッド、スペイン）	果樹と野菜の認証基準の見直しを発表。花卉と観葉植物の認証基準の設計を開始することを合意。
2004 年 （アムステルダム、オランダ）	コーヒーと養殖に関する認証の基準の設計を開始することを合意。
2005 年 （パリ、フランス）	養殖・畜産の給餌に関する認証の基準を発表。また、畜産の国レベルでの認証の基準・チェックリストを発表。
2006 年 （プラハ、チェコ）	41 か国から 300 以上の代表団が参加。EUREPG.A.P. の認証の基準の見直しを検討。
2007 年 （バンコク、タイ）	エビの養殖の認証の基準を発表。また、EUREPG.A.P. からグローバル G.A.P. へ名称を変更することを発表。
2008 年 （ケルン、ドイツ）	小規模農家・養殖業者の認証制度への参加について検討。また、政府—NGO 間の会合の開催。
2009 年 （ツアー 2009）	会議を一箇所で開催するのではなく、5 か所（ナイロビ、モンテヴィデオ、クアラルンプール、アテネ、ワシントン D.C.）で開催。
2010 年 （ロンドン、イギリス）	50 か国から 500 以上の代表団が参加。農場総合安全認証の基準の見直しを検討。
2011 年 （ツアー 2011）	ツアーにおいて 6 都市（ニューデリー、ケープタウン、サンパウロ、メキシコシティー、ワルシャワ、アテネ）を訪問。新しい農場総合安全認証（VER.4）を発表。
2012 年 （マドリッド、スペイン）	食品安全と持続性に関する検討の実施。
2013 年 （ツアー 2013）	ツアーにて 8 都市を訪問。初めて日本の宮崎市にて開催。農場安全認証の基準の見直しを開始。
2014 年 （アブダビ、UAE）	持続性、トレーサビリティ、食品安全、アニマル・ウェルフェア、及び環境や社会への責任について議論。
2015 年 （ツアー 2015）	13 都市において開催され、1680 以上の代表団が参加。
2016 年 （アムステルダム、オランダ）	オランダ王室の支援を受けて G.A.P. 設立 20 年記念式典を開催。
2016 年 （ツアー 2016）	ツアーにて 8 都市を訪問。
2017 年 （ツアー 2017）	ツアーにて 15 都市を訪問し、1300 以上の代表団が参加。名古屋において開催。
2018 年 （リマ、ペルー）	初のラテン・アメリカにおける会議開催。バナナの病原体 TR4 の蔓延を防止するための行動計画に署名。
2018 年 （ツアー 2018）	6 年で開催され、400 以上の代表団が参加。

（出典：GlobalG.A.P.[59] のサイトを参照しつつ策定）

[59] https://www.globalgap.org/uk __ en/who-we-are/about-us/tiusmeline/indtiusmelineex.hindtiusmelineextml

を目的として策定されている。

グローバルG.A.P.の最高意思決定機関は、メンバーから選ばれるグローバルG.A.P.理事会（Global G.A.P. Board）である。その下にはそれぞれの認証の基準を立案する技術委員会（Technical Committee）と、特定のトピックを検討するフォーカス・グループの二つが存在する。また、日々のスキーム・オーナーとしての認証業務を担う事務局（Global G.A.P. Secretariat）も設けられており、その下には、特定の認証の基準がG.A.P.への加入を求めてきた場合に検討を行うベンチマーク委員会（Benchmarking Committee）、認証機関との関係調整を行う 認証機関委員会（Certification Body Committee）、認証審査の質の管理や、ロゴの管理を行う品質管理委員会（Integrity Surveillance Committee）及び国レベルのG.A.P.の認証基準を検討する国レベルの技術ワーキング・グループ（NTWG：National Technical Working Group）が存在する。

3. スキームの概要

前述のようにグローバルG.A.P.は養殖のみ、あるいは水産物のみに特化した認証制度ではないため、スキーム（認証の基準）の構成が他の水産物の認証基準とは大きく異なる。現状では、大きく分けて耕種作物に関わる基準、畜産に関わる基準及び水産養殖に関わる基準がある。まとめると、図II.7.1のようになる。農場総合安全認証（IFA基準：Integrated Farm Assurance）及びそれを具体化したすべての農場・養殖場のためのAF基準（All Farm Base）では、グローバルG.A.P.の認証基準を申請する生産者が満たさなければならない要件、例えば、記録の維持、アニマル・ウェルフェアーに配慮した体制、衛生管理、被雇用者の労働条件などの細かい要件が規定されている。さらに、その下に、特定の分野において適用される要件が、養殖であればAB基準として定められている。ゆえに、エビの養殖場がグローバルG.A.P.の認証を取る場合は、養殖の分野に適応される認証の基準であるAB基準だけでなく、AF基準を満たす必要がある。

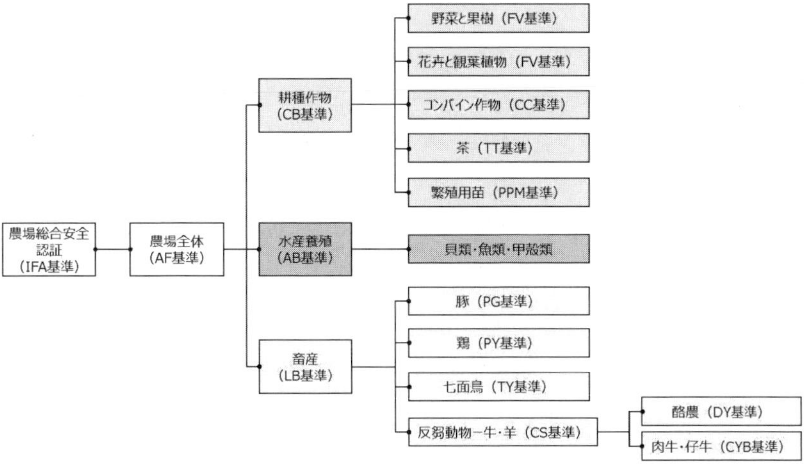

図 II.7.1　グローバル G.A.P. の認証の基準のまとめ

グローバル G.A.P. は非常に早い段階（2001 年）で ISO ガイド 65（後の ISO17065）に依拠して認定を行うことを決定しており、よって IAF に基づいた第三者認証制度の形をとっている。現行では 14 の認証機関が養殖認証に求められる AF 基準と AB 基準での認証審査を行っている。例えば認証機関の一つである英国に本部を置くアコーラ社はイギリスの IAF 加盟の認定機関である英国認定サービス（UK Accreditation Service）より認定を受けている。また、CoC 認証に関しては、64 の認証機関が存在する。

4. 養殖認証の基準

前述のように、グローバル G.A.P. の養殖認証の基準においては、すべての農場・養殖場が満たすべき基準である AF 基準と、それぞれの分野の農場・養殖場が満たすべき特定分野の要件である基準がある。表 II.7.2 が示すように AF 基準は大きく分けると 16 のカテゴリーに分けられる。また養殖の分野が満たすべき要件である AB 基準は表 II.7.3 が示すような 15 のカテゴリーが含まれる。

表 II.7.2 及び表 II.7.3 から分かるようにグローバル G.A.P. の認証の基準は、非常に多岐にわたる。いわゆる養殖の生産段階の要件だけでなく、一般的には CoC 認証の基準で定められるトレーサビリティーや分離、マスバランスなどの要件も含みつつ、食品安全、すなわち食品偽造や食品汚濁の防止に関わる要件なども含まれている。これは、グローバル G.A.P. の前身である EUREPG.A.P. に参加していた流通加工業者が食品安全を保証する独立した認証制度を望んだことに起因する[60]。また、このように CoC 認証の要件も含まれているため、グローバル G.A.P. の養殖認証の基準に合格した業者は、他の ASC などの認証のように別途 CoC 認証を取得する必要がない。また、GFSI の承認を受けることが可能であったのもこれらの要件が含まれていたためである。

さらに、グローバル G.A.P. において非常に特徴的なのが、このようにグ

表 II.7.2　グローバル G.A.P. における AF 基準

AF1	農場・養殖場の履歴及び管理（Site History and SITE Management）
AF2	記録の管理及び内部監査（Record Keeping and Internal Self-Assessment/ Internal Inspection）
AF3	衛生（Hygiene）
AF4	被雇用者の健康、安全、ウェルフェア（Worker'S Health, Safety AND WELFARE）
AF5	下請け業社（SUBCONTRACTORS）
AF6	廃棄物及び汚染物質の管理、リサイクル、再利用（Waste and Pollution ManagemenT, Recycling and RE － USE）
AF7	環境保全（Conservation）
AF8	苦情処理（Complaints）
AF9	Recall ／回収手順（Recall/Withdrawal Procedures）
AF10	食品の生産過程における食品汚濁の管理（Food Defense）
AF11	グローバル G.A.P. の認証に関する情報の伝達（Global GAP Status）
AF12	ロゴの使用（LOGO USE）
AF13	トレーサビリティと分離（Traceability and Segregation）
AF14	増すバランス（Mass Balance）
AF15	Shokuhin 安全に関する政策（Food Safety Policy Declaration）
AF16	食品偽造の防止処置（Food Fraud Mitigation）

[60] Hilbrands,2008

表 II.7.3 グローバル G.A.P. における AB 基準

AB1	養殖場の管理（Site Management）
AB2	再生産（Reproduction）
AB3	化学物質（Chemical Compounds）
AB4	養殖業に特定の健康、安全（Occupational health and Safety）
AB5	魚のアニマル・ウェルフェア、管理、飼育 (Fish Welfare, Management, and Husbandry)
AB6	サンプリング方法と検査方法（Sampling and Testing）
AB7	給餌管理（Feed Management）
AB8	ペストコントロール（Pest Control）
AB9	環境と生物多様性に対する配慮（Environment and biodiversity Management）
AB10	水の利用及び汚水管理（Water Usage and Disposal）
AB11	養魚の収穫と処理（Harvesting and Post-Harvesting）
AB12	魚の密集率と密集を避けるための施設（Holding and CROWDING FACILITIES）
AB13	保父札に関わる活動（Slaughter Activities）
AB14	生態系の浄化（Depuration）
AB15	収穫後のマスバランスとトレーサビリティ (Post-HARVEST, Mass Balance and Traceability)

ローバルな基準を定めているものの、それぞれの国、地域の状況に合わせるべく、国レベルでの解釈を認め、それを策定するためのガイドライン（National Interpretation Guideline）が存在する点である。これは発展途上国など、先進国とは生産環境が大きく異なる地域において一定の解釈を許すことで、グローバル G.A.P. の普及を後押ししている。また、それぞれの国における解釈を作るためのワーキング・グループ（National Working Group）が存在する。

さらに、小規模な養殖業者の認証を支援するために、グローバル G.A.P. では、小規模養殖業者のためのガイドライン（Small Holders Guideline）を設けるだけでなく、グループ認証を認めている。そのため、グループで認証を受ける場合に満たさなければならない品質管理の条件も、前述の BAP の場合のように定めている。

5. CoC 認証の基準

前述のように、生産者は養殖の認証を取得すれば、CoC 認証を取得する必要はないが、流通加工業者向けにグローバル G.A.P. にも CoC 認証の基準が存在する。その内容をまとめると、表 II.7.4 のようになる。特徴的なのは、やはりトレーサビリティーや分離の体制を確立するだけでなく、食品安全の観点からの要件が含まれている点である。

表 II.7.4　グローバル G.A.P. における CoC 認証の基準

CoC1	自社内監査（SELF-ASSESSMENT）
CoC2	管理責任（Management Responsibility）
CoC3	投入製品の確認（Validation of Inputs）
CoC4	分離（SEGREGATION）
CoC5	記録とデータ / 生産工程の記録（Records and Data/ Documentation of Procedures）
CoC6	生産過程で使用された認証製品の識別（Certified Inputs and Labelling/Claims）
CoC7	マスバランス（Mass Balance）
CoC8	苦情と不適合製品（Complaints and Non-Conformance）
CoC9	リコール／回収手順（Recall/Withdrawal procedures）
CoC10	食品安全管理システム（Food Safety system）
CoC11	養魚の収穫から加工における運搬条件（Transport Conditions from Harvesting to Processing）
CoC12	養魚の収穫後の作業（Post-Harvest Operations）

6. ロゴマーク

グローバル G.A.P. の認証製品は、ロゴマーク（図 II.7.2）を利用することができる。現在のところ、グローバル G.A.P. は、MSC や ASC のようなロゴの使用料は徴収していないが、グローバル G.A.P. への認証登録費用及び認証のライセンス料を徴収している。養殖の認証を取得した者は、その年間の養殖の生産量によって、異なる登録費用をグローバル G.A.P. 事務局に収めることになっている。費用をまとめると表 II.7.5 のようになる。また、CoC の認証を取得したものは一律、225 ユーロ（約 2 万 8,000 円[61]）

図 II.7.2　グローバル G.A.P. のロゴマーク

[61] 1 ユーロ＝125 円で計算した。

の年間登録料を支払う。

表 II.7.5　グローバル G.A.P. における養殖認証登録費用

年間の生産量（トン）	年間の認証登録費用（ユーロ）
10 未満	10
10 以上～ 100 未満	50
100 以上～ 500 未満	100
500 以上～ 1,000 未満	150
1,000 以上～ 5,000 未満	500
5,000 以上～ 10,000 未満	1,000
10,000 以上～ 25,000 未満	1,500
25,000 以上	2,000

Ⅱ-8 RFM：アラスカの責任ある漁業管理
(Responsible Fisheries Management)

アラスカ州の認証制度であるRFMは、2010年ごろより認証制度の設計が始められ、その2年後の2012年7月に1件目のアラスカのオヒョウ類(Halibut)の認証を行った。現在は7魚種（サケ類、オヒョウ類、ポロック類、銀ダラ類、タラ類、カニ類、ヒラメ・カレイ類）がRFMの下で認証されている[62]。また、RFMは、GSSIに2016年1月に承認された1件目の認証制度である。

1．RFM設立の背景

アラスカ州においては、2000年台の半ばから認証制度を設立する動きが見られた。これには、2006年にウォルマート社が発表した水産物の調達基準が大きく影響している。ウォルマート社は、2011年までに自社で扱う水産物は、100％、MSCによって認証された水産物、あるいはFIP（漁業改善プロジェクト）を実施した漁業から生産される水産物へと転換すると発表した。その後も英国の大手スーパー（セインズベリー社、ウェイトローズ社、アイスランド社など）がこれに追従する動きを見せた[63]。この結果として、MSCによって認証された水産物の需要が一気に高まったことはすでに述べた。

しかし、その需要の高まりと機を同じくして、州の経済を水産物の輸出に依存するアラスカ州では、MSCに対する警戒感も広がった。同州においては、漁業によって8万人の雇用機会が創出されており、雇用機会の創出に関しては石油産業に続いて重要な産業となっている[64]。ウォルマート社が調達基準を

62 詳細は、https://www.alaskaseafood.org/rfm-certification/certified-fisheries/ 参照。

63 具体的には、持続可能な水産物同盟（Sustainable Seafood Coalition）としてウォルマート社と類似した調達基準を行動規範として発表した。詳細に関しては、https://www.sustainableseafoodcoalition.org/ を参照。

64 ASMI, 2015

発表したことにより、このように重要な基幹産業をMSCというひとつのNGOによって左右されるのではないかという懸念が広まったのである注1)。実際にRFMを立ち上げた理由を聞くと、アラスカのRFMのスキーム・オーナーであるアラスカ水産物マーケティング協会（Alaska Seafood Marketing Institute：ASMI）の関係者からは「認証制度に関しても選択肢があることが望ましいと考えたからだ」という答えが返ってくる[65]。とくに、アラスカの水産物は主な魚種に関しては、MSCの認証も受けており、認証審査はMSCとRFMと別々に行われるため、ASMIは二重の審査コストを支払っている注2)。このように二重の料金を支払ってもRFMを立ち上げ、維持しているところを見ると、アラスカの水産業界が抱くMSCの独占に対する強い危機感が見てとれる。

注1）実際、RFM設立後の2011年に『アラスカ漁業開発財団（Alaska Fisheries Development Foundation)』が、RFMに認証を一本化しMSCの認証の更新を行わない旨を発表した。すると、ウォルマート社がアラスカ産のサケは自社の調達基準を満たしてないとして、販売を拒否し、アラスカの漁業者は抗議活動を行った。ウォルマート社への抗議を込めて、漁業者たちは、「よそ者に、何を食べるべきかまで指示をこうべきではない」や「アラスカのサケをアラスカ人に」といったプラカードを掲げて抗議した。この問題は、2014年にASMIのRFMがウォルマート社の持続可能な水産物の調達基準を満たしていると発表するまで続いた[66]。

注2）アラスカの主要な漁業はMSCの認証をすでに受けており、純粋に販売の側面から見ればMSCとRFMの双方の認証を受ける必要性は見受けられない。むしろコストがかさむだけという印象を免れない。このような質問を著者が2017年にアメリカシアトルに行った際にASMIやアラスカで漁業を営む企業関係者に投げかけてみたところ、新しい認証制度（RFM）を打ち立てるコスト及びMSCとRFMという二重の認証審査コストを支払っても、MSC以外の選択肢を確保することが重要であるとの答えであった。

さらに、このように漁業に依存したアラスカ州では、州法によって、すでに

[65] 2017年11月に実施したASMIの持続可能性ダイレクター、スーザン・マークス氏とのヒアリングより。

[66] Foley and Hébert, 2013

1950年代より漁業の持続可能な管理がうたわれており、1981年にASMIが設立されて以来、アラスカの持続可能な水産物のアピールを行ってきた[67]。アラスカ州独自の認証制度の立ち上げる事によって、このような独自の管理をアピールする狙いもあったようである。

2. ASMIの組織概要

スキーム・オーナーであるASMIは、1981年に設立された半官半民の団体である。ASMIの年間の予算を見ると、50％前後が州政府からの補助金（Statutory Designated Program Receipts）、25％前後が連邦政府からの補助金（Federal Receipts）によって賄われており、残りの25％前後がアラスカ全土の水揚げの0.5％に課される税金の一種である、水産物マーケティング調査費（Seafood Marketing Assessment）によって賄われている[68]。ASMIの主な業務はアラスカの水産物のマーケティングであり、認証制度の管理はその一部門に過ぎない。ASMIの本部はアラスカ州のジュノーにあるが、ワシントン州のシアトルに大きな事務所を構え、マーケティングなどは主にシアトルの事務所から実施されている。また、認証業務に関わる部署は、シアトルの事務所に存在する。

ASMIの組織概要を見ると、取締役会（Board of Directors）の下に大きく分けて2種類の委員会、魚種ごとの委員会と各種の運営委員会が組織されている[69]。認証業務を担当するのは、運営委員会の一つである漁業認証基準委員会（Fisheries Standard Committee）、水産物技術委員会（Seafood Technical Committee）、RFM委員会（Responsible Fisheries Management Committee）の3つの運営員会である。漁業認証基準委員会と水産物技術委員会は、それぞれ漁業認証の基準及びCoC認証の基準を作る技術的な委員会であるのに対して、RFM委員会は認証制度の制度設計を行う委員会である。それぞれの委

[67] ASMI, 2017
[68] 2015年、2016年の財政報告を見ると、公的な資金への依存度が高いことが分かる。（ASMI Annual Report 2016 https://indd.adobe.com/view/46b34fd5-da1f-4257-ae90-ada17dd5943c
[69] 詳細は、https://www.alaskaseafood.org/about/committees/ を参照。

員会には、漁業者、水産物の加工流通業者、環境 NGO や学識経験者がバランスよく配置されるようになっており、様々なステークホルダーの声が反映されるように設計されている注1)。しかしながら、認証業務は ASMI がもつ 11 の委員会のうち、3 つの委員会が担当するだけであり、ASMI にとって認証業務はその業務の一部でしかないことが分かる。むしろ、ASMI はアラスカ産の水産物の販売促進を行うことを主眼としており、認証制度はそのためのツールという位置付けであると考えるのが妥当なのかもしれない注2)。

注 1）ASMI の持続可能性ダイレクター、スーザン・マークス氏は、モントレーベイ水族館を漁業認証基準委員会に招くのには苦心したと話す。それまでのアラスカの水産業の関係者の間では、後述するようアイスランドのように、NGO に対する強い不信感が根強く存在した。しかし、ASMI の RFM は NGO を漁業認証規格委員会の中に招くことによって、認証制度としての信頼度を高めることができたとのことであった。(2017 年 11 月に実施した同氏とのヒアリングより。)

注 2）近年、アラスカの ASMI が RFM のスキーム・オーナーになっていることにより、アラスカ州内の水産物しか認証できないということに、疑問の声も上がっている。これが特に顕著になったのは、ルイジアナ州による認証制度の設立の際であった。

RFM の将来に関しては、現在、RMF を ASMI から独立させ、アイスランド及びノルウェーなどにおいても適用可能な認証制度の設計が進められているとの発表が、2019 年 3 月に開かれたボストン・シーフードショーにてなされた。

3. スキームの概要

RFM は MSC などと同じく、第三者認証制度として確立されている。そのため、スキーム・オーナーである ASMI が認証審査を行うことはなく、認証審査を専門に請け負う一般企業が RFM の認証審査を行っている。RFM の認証審査を行っている会社は、現在 2 社である。1 社は、アイルランドに本拠を置く、グローバル・トラスト社であり、もう 1 社はアメリカに本部を置く、DNV グローバル社（DNV Global）である。グローバル・トラスト（Global Trust）社は RFM の開発当初から携わっていた認証機関であるのに対して、

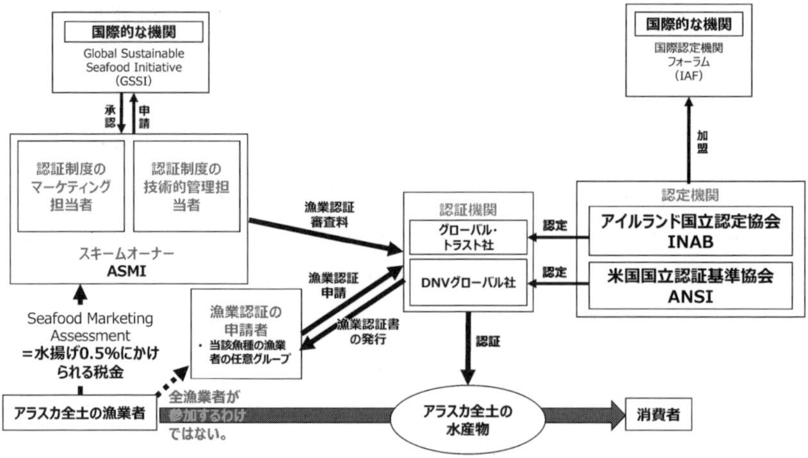

図 II.8.1　RFM の体制

DNV グローバル社は近年 RFM が招いた認証機関である。この 2 社は、MSC の認証審査も行う大手の認証機関である[70]。

また、RFM は前述の MSC や ASC のような ISEAL を依拠とした制度ではなく、ISO 制度に依拠した制度である。よって、認証機関は IAF に加盟した認定機関が、認証機関の認定作業は実施する。とくに RFM においては、異なる国に本部を置く認証機関を使っているため、認定機関も、アイルランド国立認定協議会 INAB（The Irish National Accreditation Board：INAB）及びアメリカ国立認証基準協会（American National Standard Institute、以下「ANSI」）の 2 機関を利用している。RFM のガバナンスの体制を図式すると図 II.8.1 のようになる。RFM のように複数の認証機関及び認定機関を利用した場合、問題となってくるのが、認証機関・認定機関あるいは審査員の中のばらつきを抑えることである。RFM の場合は 2 社のみであるため、MSC ほど緻密なガイドラインを作成しているわけではないが、151 ページにわたるスコアリング・

70　アラスカにおいて MSC と RFM の双方によって認証されている漁業の認証審査に関しては、今後、同時に年次審査などを実施することによって、手間やコストの削減を図ることが模索されているようである。2017 年 11 月に実施した ASMI の持続可能性ダイレクター、スーザン・マークス氏へのヒアリングよりガイド（審査員が点数をつけるためのガイド）を策定している。さらにRFMでは年に一度それぞれの認証機関にスキーム・オーナーから定期的な監査を入れている。

このような追加の作業を行っても、認証機関を2社利用するのには訳がある。RFMの制度設計、すなわち認証基準づくりとそのガバナンスの設計には、グローバル・トラスト社が大きく関わってきた。しかし、その点が、長年RFMが批判される原因となってきた。つまり、グローバル・トラスト社が自分たちのビジネスを行うために、RFMを確立したのではないかという疑念がRFMにはつきまとっていたのである。そのような批判を払拭し、信頼性を確保するために、それまで全く関係のなかったDNVグローバル社を招いた。ただし、RFM関係者によると、競争原理が働き認証費用も下がってきたとのことであり、単に信頼性の問題ではないのかもしれない[71]。

4. 漁業認証の基準

RFMの漁業認証の基準は、FAOのガイドラインに準拠しており、表II.8.1に示すような6つの原則から構成される。評価は、これらの原則を4つのグループ（A. 漁業の管理制度、B. 科学的根拠に基づいた資源の評価活動、予防原則、C. 漁業管理処置、実施とモニタリング、D. 生態系への漁業による重大な影響）に分けて実施され、これらの原則の下に125の下位規定（Subclause）がある。それぞれの下位規定に対して、審査員は完全不適合（Critical Non-Conformity）、重大不適合（Major Non-Conformity）、軽微不適合（Minor Non-Conformity）あるいは適合（Conformity）の4段階で評価する。一つでも完全不適合があった場合は、認証申請者は不合格となる。ただし、軽微不適合がない場合、重大不適合は各グループ（A—Dまで）1つまで認められる（重大不適合が一つあっても、認証審査に合格する）。また、重大不適合がない場合、軽微不適合は各グループ3つまで認められる（ASMI,

[71] 2018年6月6日に東京大学で実施されたワークショップにおけるASMIの漁業コンサルタント、ジェフ・レグナート氏の発言より。

2018)。

表 II.8.1　RFM の漁業認証の原則

原則 1	漁業の管理制度	A
原則 2	科学的根拠に基づいた資源の評価活動	B
原則 3	予防原則	B
原則 4	漁業管理処置	C
原則 5	実施とモニタリング	C
原則 6	生態系への漁業による重大な影響	D

5. 漁業認証の単位

認証の単位、すなわち 1 回の認証で認証される水産物の範囲は、アラスカ州の 3 マイルまでの州の管轄下の海域及びアラスカ州の 200 マイルまでの連邦政府管轄下の海域で漁獲される特定の魚種である。すなわち、MSC のように認証を受けたいと考える漁業者が認証を申請するわけではなく、一回の認証審査によってアラスカ全土の特定の魚種を認証する仕組みとなっている。よって、認証申請を行う際は、アラスカ全土の漁業者が任意のグループを形成し、認証機関に申請を行う必要がある。例えば、サケ類を考えると、理想的にはアラスカ州でサケ漁業を行う全ての漁業者がグループを結成し、認証機関に申請を行うことが理想的である。しかしながら、現実は、全てのサケ漁業者を束ねるようなグループを結成することは難しく、このようなグループに参加していない漁業者も存在している。このように、グループに参加しなくても、一度サケに認証が降りてしまえば、アラスカ州で取れたサケは、認証水産物として販売することができるため、漁業者の間に不公平感があるようである[72]。

6. 漁業認証審査の費用の負担

このように認証申請を行うのが任意のグループであるため、認証審査の費用は申請者が直接負担する形をとっていない。現状では、認証審査の費用は、

[72] 2017 年 11 月に実施した ASMI の持続可能性ダイレクター、スーザン・マークス氏とのヒアリングより。

ASMIの運営費から拠出されている。この点は認証申請者が費用を支払うMSCとは大きく異なる点である。確かに、ASMIの運営費の一部は漁業者が支払っているので、間接的には認証申請者が負担していると言えるが、ASMIの運営費となっている水産物マーケティング調査費はすべての魚種に課税されており、必ずしも認証から利益を得る漁業者だけが支払っているわけではない。さらに、前述のように認証申請のために結成されたグループに参加しない漁業者も存在する。この点がこの費用負担の問題を一層、複雑にしている。確かにこのグループに参加した漁業者が、認証機関へ支払う認証審査の費用を負担するわけではないが、グループに参加した漁業者には審査費用以外に様々な時間とコストが発生する。例えば、認証機関に審査に際に提出する漁獲データやその他の書類を揃えたりする手間がかかる。このような手間は、大規模な漁業者であればそれほどの大きな負担ではないが、小規模な漁業者にとっては大きな負担となる場合もある。このような認証審査のコスト負担をめぐる問題が、内部で、すなわち漁業者の間で不公平感を生んでいる。

7. CoC認証の基準

RFMのCoC認証の基準は、3つの原則からなっており、それを示すと表II.8.2のようになる。

表II.8.2 RFMのCoC認証の原則

原則1	申請者の工場内あるいは流通網の中でのトレーサビリティーに関する要件（Traceability for Chain of Custody）
原則2	サプライチェーン全体のトレーサビリティーに関する要件（Traceability within Supply Chain）
原則3	トレーサビリティーとロゴマークに関する要件（Traceability and Labelling）

これらの原則の下に下位規定が存在し、それぞれの下位規定は、適合あるいは不適合のみ判定される。CoCの認証においては、漁業の認証のように、重大、軽微不適合は存在せず、全ての下位規定に合格しなければ、認証審査に合格することはできない。

さらに、RFMのCoC認証では2つのタイプ、シングル・サイト認証とマルチ・サイト認証が存在する。シングル・サイト認証とは加工場、店舗を一つしか持たない場合に利用される認証であり、フランチャイズされたスーパーなど複数の店舗を持つ場合は、マルチ・サイト認証となる。現在のところ72社がCoCの認証を受けているが[73]、一次加工業者以外でCoC認証を取得する件数は少なく、なかなかロゴマークが入った商品が最終消費者まで届いていないのが現状のようである[74]。

8. ロゴマーク

Alaska Seafood Marketing Institute　　天然のおいしさを、アラスカから。

図 II.8.2　アラスカ原産の水産物を示すロゴマーク

図 II.8.3　RFMの認証制度の旧ロゴマーク

スキーム・オーナーであるASMIは２つのロゴマークを持っている。ASMIは、認証制度設立以前から、アラスカ原産の水産物を示すロゴマーク（図 II.8.2）を持っている。旧タイプのRFMの認証制度のロゴマーク（図 II.8.3）はその延長であると考えられる。実際、原産地を示すマークと認証制度のロゴマークは見間違うほど酷似していたが、2019年8月19日に新しいロゴマーク（丸形と角型の２種類）が発表された（図 II.8.4）。この二つのロゴマークを使用す

73　詳細は http://www.alaskaseafood.org/rfm-certification/certified-companies/ を参照。

74　同上2017年11月に実施したASMIの持続可能性ダイレクター、スーザン・マークス氏とのヒアリングより。

図 II.8.4　2019 年 8 月 19 日に発表された RFM の認証制度の新ロゴマーク

る際は、双方とも ASMI に申請は行わなければならないが、大きな違いは、アラスカ原産を示すマークを使用する際は、CoC 認証の取得を必要としないのに対して、RFM の認証制度のロゴマークを使用する際は、CoC 認証取得が使用条件となっている点である[75]。

また、使用に対するライセンス料はかからない。

[75] 詳細は、https://www.alaskaseafood.org/rfm-certification/chain-of-custody/seal/ を参照。

II-9 IRF：アイスランドの責任ある漁業
(Iceland Responsible Fisheries)

アイスランドでその認証制度であるIRFは2006年ごろから始められ、その3年後の2009年に漁業の認証基準が最終化された。2010年には、アイスランドのタラが初めての認証を受け、スキーム・オーナーとして「アイスランド責任ある漁業財団（IRF財団：Iceland Responsible Fisheries Foundation）が設立された。現状のIRFの下では、4魚種、タラ、ハドック、ポロック、タイセイヨウアカウオが認証されている注)。2016年にIRFはGSSIの承認を受け、ASMIのRFMに続いて2件目の承認となった。

注）IRFは4魚種であるのに対して、MSCは16魚種を認証している。アイスランドの認証制度の重鎮であるクリスチャン・ソラリンセン氏は、この事実が、IRFがMSCよりも堅固な認証制度であることの証拠であると主張する（2017年10月19日の同氏とのヒアリングより）。

1. IRF設立の背景

アイスランドにおける認証制度の制定がスタートしたのは、アラスカよりも少し早く2006年のことである。この年、「アイスランド漁船所有者連合会（The Federation of Icelandic Fishing Vessel Owners)」、「アイスランド水産加工業連合会（The Federation of Icelandic Fish Processing Plant)」及び小規模漁船所有者連合（National Association of Small Boat Owners)」の3社が、政府の資金援助注2) を受け、認証基準の制定のためのプロジェクトを立ち上げた。

注2）具体的には、水産物付加価値プログラム（Added Value for Seafood Program）と言う。3日以内に、アイスランドで実施されている漁業管理制度である漁獲可能量（TAC）の割当登録を怠った場合は、漁業者は漁獲高の20%しか手元に残すことができず、80%を国庫に納めなければならない。ここで国庫に納められた資金は、水産物

付加価値プログラムの資金に充てられ、水産業の付加価値を高める研究に使われる。

アイスランドにおいては、アラスカ以上にMSCなどの環境NGOに対する警戒感が強かったと言われる。アイスランドは現在も商業捕鯨を行っている数少ない国の一つである[76]。そのため、アイスランドの漁業自体が、反捕鯨団体のグリーンピースやシーシェパードの標的となってきており、アイスランドにおいては環境NGOに対してネガティブなイメージが存在する[77]。そのために、外国のNGOに漁業管理を左右されることへの危機感はアラスカ以上に強かった。例えば、IRFの設計にあたって中心的役割を果たしたC. ソラリンセン氏は、この時期、「私企業による（認証基準の）独占の回避」をしなければならない、あるいは「漁業管理の開発において、いかなる外国の私企業の『指導』も仰がない」と発言しており、アイスランドにおける強い危機感がうかがえる[78]。

さらに、アラスカと同様に、アイスランドも水産物の輸出に自国の経済を大きく依存している。プロモート・アイスランド（同団体については後述する）の報告書によると、漁業が、GDPに直接的な貢献する率は11％であり、その間接的な貢献も合わせると25％近くに達する[79]。このように重要な産業である漁業の管理が、MSCによって左右されるのは望ましくないと考えるのも当然である。

2. IRF財団及びプロモート・アイスランドの組織概要

IRFのスキーム・オーナーは、IRF財団である。このIRF財団は、IRFのスキームを維持管理するためだけに設立された団体であり、この点はアラスカのASMIと大きく異なる。ロゴマークを利用したいアイスランド産の水産物を扱う漁業者・流通加工業者が支払う入会金と年会費（輸出額の0.05％）に

[76] Bertulli *et al.*, 2016
[77] Foley, 2017
[78] Thórarinsson, 2009
[79] Iceland Promote, 2016

よって運営される。設立当初は、アイスランド漁業とアイスランド小型船所有者連合のみがメンバーであったが、現在では110社が会員となっている[80]。IRF財団の中に技術委員会が設置されており、その中で漁業やCoC認証の基準などは策定・改訂される。IRF財団は特徴的なのは、単にスキーム・オーナーであるだけでなく、一旦認証が降りるとその認証書の管理も行っていることである。この点については後述する。

IRF財団は認証制度の技術的な側面の維持・管理を行うのに対して、認証制度の広報及びアイスランド産の水産物の販売促進を行うのは前述のプロモート・アイスランドである。これはアラスカのASMIと同様に、半官半民の団体であり、アイスランドへの投資や観光とともにアイスランド産の農産物の輸出促進を図る目的で、2010年に設立された。例えば、IRFのロゴのプロモーション活動などを世界各地のシーフードショーなどに参加することで実施している。図II.9.1は2018年のボストン・シーフードショーにおけるプロモート・アイスランドのブースの様子である。そのほかにIRFのウェブサイト

図II.9.1　2018年3月に開催されたボストン・シーフードショーにおけるプロモート・アイスランドのブース
(筆者撮影)

[80] 詳細は https://www.responsiblefisheries.is/about-irf/members-list を参照。

の管理や[81] アイスランドはスペインへのタラの輸出が多いため、スペインのシェフに向けた持続性に関するワークショップなども実施している[82]。

3. スキームの概要

アイスランドの IRF もアラスカの RFM と同じく第三者認証制度をとっており、ISO に基づく体制を実施している。認証機関は、アラスカの RFM の認証審査や MSC の認証審査を行なっているアイルランドのグローバル・トラスト社が漁業認証審査・CoC 認証審査の両方を請け負っており、認定機関は IAF に加盟する INAB が務める。IRF はアラスカの RFM と異なり、2 社目の認証機関を迎えるつもりはないようである（GSSI, 2016）[83]。この点に関しては、IRF は非常にわかりやすい体制をとっている。IRF のスキームの概要をまとめると図 II.9.2 のようになる。

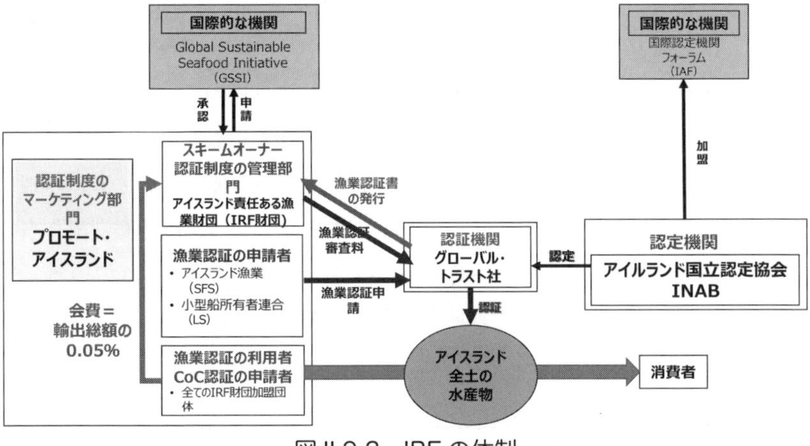

図 II.9.2　IRF の体制

[81] 2017 年 10 月に実施した IRF 財団のディレクターのフィヌール・ガルダーソン氏とのヒアリングより。

[82] 2017 年 10 月に実施したプロモート・アイスランドのマネージャーのグドニー・カラドッティール氏とのヒアリングより。

[83] GSSI のベンチマーク報告書に認証機関の間のばらつきを抑えるためにとる処置に関して記載することを求められる要求事項があるが、IRF は当面は 1 社しか利用する予定がないため、そのような処置は必要ないと述べている。

4. 漁業認証の基準

IRFの漁業認証の基準は、FAOのガイドライン（詳細はコラム2参照）と同じく、3つの原則（漁業の管理体制、法・規制の遵守とモニタリング、及び生態系への配慮）からなる。他の認証制度と同様に、この原則の下に下位規定が設けられているが、他の認証制度と異なるのは審査の評価である。IRFの認証審査の際は、MSCのような点数制でもなく、RFMのような4段階評価でもなく、合否のみで評価される。また一つでも不合格（不適合）があった場合は、申請してきた魚種は認証されない。そのため、かなり認証審査を始める際には、慎重に審査に合格する可能性があるかどうかを判断する。実際、近年、アイスランドで漁獲が増えているニシンの認証にも取り組むことを検討しているようであるが、ニシンに関してはさらに漁業管理を強化しなければ、IRFの認証審査に合格できないとの見方が有力であり、まだIRFによる審査は開始されていない[84]。

また、IRFの漁業認証の基準を定めた文書は、全体で24ページと非常にシンプルにできている。これは、アイスランドにおける漁業管理の特徴からきていると考えられる。アイスランドにおいては、全ての魚種において漁具規制や漁期規制などの入口管理ではなく、出口管理の一つである譲渡性個別割り当て制度（Individual Transferrable Quota：ITQ）によって規制されている。そのため、すでにMSYベースの管理を行なっており、認証審査を非常にシンプルに実施することが可能となっている。

5. 漁業認証の単位

アラスカと同様に、IRFにおける認証の単位は、アイスランドのEEZ内で漁獲される特定の魚種である。すなわち、アラスカと同様に、IRFではアイスランドの全土の特定の魚種が一度の認証審査によって認証される仕組みをとっている。RFMと異なるのは、認証審査の際、アイスランド全土の漁業者

[84] 2017年10月に実施したクリスチャン・ソラリンセンセン氏とのヒアリングより。

が任意のグループを形成するのではなく、IRF 財団の創設時のメンバーである、アイスランド漁業とアイスランド小型船所有者連合が全ての漁業者を代表して申請者となるという点である。また、認証審査が終わった後の認証業務の管理（年次審査）などを申請者として行うのは IRF 財団である[85]。この点においては、IRF はスキーム・オーナーが、ASMI 以上に大きく認証審査に関わっていると言える。

6. 漁業認証審査の費用の負担

認証費用に関しては、認証の審査の申請者である「アイスランド漁業」とアイスランド「小型船所有者連合」ではなく、IRF 財団の運営費から拠出されている。認証審査の費用は、IRF 財団の年会費、すなわち水産物の輸出を行う業者の輸出額の一部から拠出されることになるため、アイスランドの漁業者・流通加工業者が負担していることになっているが、これはあくまでも間接的である。

7. CoC 認証の基準

IRF の CoC 認証の基準は、アラスカの RFM のそれと非常に類似しており、同様の 3 原則（申請者の工場内あるいは流通網の中でのトレーサビリティーに関する要件、サプライチェーン全体のトレーサビリティーに関する要件、及びトレーサビリティーとロゴマークに関する要件）からなる。現在アイスランドの業者 25 社とドイツの業者 2 社が認証を受けており、認証を受けた製品を扱っている[86]。

---

[85] 2017 年 10 月に実施したクリスチャン・ソラリンセンセン氏とのヒアリングより。また、著者が 2017 年にアイスランドを訪ねた際に、いくつかのスーパーマーケットを訪ねたが、アイスランドの IRF のロゴマークは見受けられなかった。

[86] http://www.responsiblefisheries.is/certification/certified-suppliers/（5 月 18 日にアクセス）より。

8. ロゴマーク

ロゴマークに関して述べれば、その使用はほぼ輸出する水産物に限られているようである[87]。アイスランドのIRFもアラスカと同様にアイスランドの原産の水産物であることを示すロゴマーク（図II.9.3参照）と認証された水産物に添付されるロゴマーク（図II.9.4参照）が存在する。2つのロゴは基本的に同じものであるが、認証の方は下に「CERTIFIED（認証）」の文字があるだけである。ロゴマークの使用には、MSCのようにロイヤリティー費（使用料）を支払う必要はないが、IRF財団に所属し、IRF財団にロゴマーク使用申請を提出し、使用規則を遵守することが求められる[87]。

図II.9.3 アイスランド原産の水産物を示すロゴマーク

図II.9.4 IRF認証のロゴマーク

[87] 詳細に関してはhttps://www.responsiblefisheries.is/certification/certification-mark/rules参照。

II-10 G.U.L.F. RFM：メキシコ湾岸の責任ある漁業管理

(G.U.L.F Responsible Fisheries Management)

アメリカのメキシコ湾岸の G.U.L.F. RFM は、2010 年に起きた BP の石油流出事故の補償金を利用する形で、2015 年ごろよりルイジアナ州政府によってその設立が進められた。その設立当初より、アラスカの ASMI の RFM から多くの支援を受けており、ASMI の RFM の妹分の認証制度であると言える。2017 年に、ルイジアナ州のブルー・クラブの 1 魚種を認証した。スキーム・オーナーはルイジアナ州であるが、運営・維持管理は、メキシコ湾岸における漁業改善プロジェクトなどに取り組んできたニューオーリンズのオードボン水族館によってなされている。また、同認証制度は、2018 年 10 月に GSSI によって 4 番目の天然漁獲の認証制度として承認された。

1. G.U.L.F.RFM 設立の背景

ルイジアナの G.U.L.F.RFM の設立の背景は、ASMI の RFM やアイスランドの IRF のそれとはかなり異なる。この認証制度の設立は、比較的新しく、2015 年頃より始められた。ルイジアナの漁業は、2010 年に起きた BP 社によるメキシコ湾原油流出事故によって大きな打撃を受けた。とくに、原油流出事故後、メキシコ湾で取れる水産物の安全性に対する懸念が広がり、環境破壊による漁獲の落ち込みだけでなく、風評被害による経済的な打撃も大きかった。このような安全性に対する懸念を払拭するための手立てとして、MSC の漁業認証を州政府が認証申請者となり、取得することが目指された。しかしながら、本審査の前の事前審査を受けた段階で、MSC の認証を得ることがルイジアナ州の多くの魚種において困難である事が明らかになった。とくに、混獲に関する定量的・科学的な調査が進んでいないことが、認証審査の際の障害となった。

そのため、2015年頃より政策転換が図られ、漁業の認証基準の設立が模索された。とくに、当時、ルイジアナ州はBP社から多大な補償金を受け取っており、資金的には潤沢な状態にあった。基準設定を開始した当初は、アラスカのRFMの漁業の認証基準をそのまま利用することも模索されたが、それはすぐに断念された。これは、高緯度に位置するアラスカ州の海洋生態系と、熱帯に近いメキシコ湾の海洋生態系では大きくその性格が異なるため、同一の漁業の認証基準を適応することが困難であったためである[88]。しかしながら、漁業の認証基準はG.U.L.F. RFMもアラスカのRFMと同様の構造を受け継いでおり、一定の類似性は見られる。

2. ルイジアナ政府及びオードボン水族館の組織概要

G.U.L.F. RFMは、そのガバナンスにおいては非常にユニークな認証制度である。前述のように、現在もG.U.L.F. RFMのスキーム・オーナーは、法的にはルイジアナ州政府である。しかし、実際の運営は、オードボン水族館が担う。州政府と同水族館が、覚書（MOU）を締結し、州政府が同水族館に補助金を支払う形で、運営がなされている。

オードボン水族館内部に管理委員会（Oversight Committee）が設けられ、その下に漁業認証の基準を策定・改訂を行う漁業技術委員会（Fisheries Technical Advisory Committee）と、CoC認証の基準の策定・改訂を行うCoC技術委員会（Chain of Custody Technical Advisory Committee）が設けられている。またアラスカのRFMと同じく、G.U.L.F. RFMも第三者認証制度を取っており、ISOに依拠した制度である。認証機関としては、IRF及びASMIのRFMと同様に、グローバル・トラスト社が請け負っており、認定機関もINABである。G.U.L.F. RFMの体制を図示すると図II.10.1のようになる。

[88] 2018年4月に実施したルイジアナ州政府野生生物・漁業管理課のデーモン・モリス氏へのヒアリングより。

3. 漁業認証の基準

G.U.L.F. RFM の漁業認証の基準は、前述のようにアラスカの RFM の漁業認証と非常に類似しており、表 II.10.1 に示す 5 つの原則から構成される。評価は、これら 5 つの原則に基づいて行われ、その下に下位規定が 50 ある[89]。審査においても RFM と同様に、各下位規定が 4 段階（完全不適合、重大不適合、軽微不適合あるいは適合）で評価され、一つでも完全不適合があった場合は、認証申請者は不合格となる。ただし、軽微不適合がない場合、重大不適合は各グループ（A—E まで）1 つまで認められる（重大不適合が一つあっても、認証審査に合格する）。また、重大不適合がない場合、軽微不適合は各グループ 3 つまで認められる[90]。

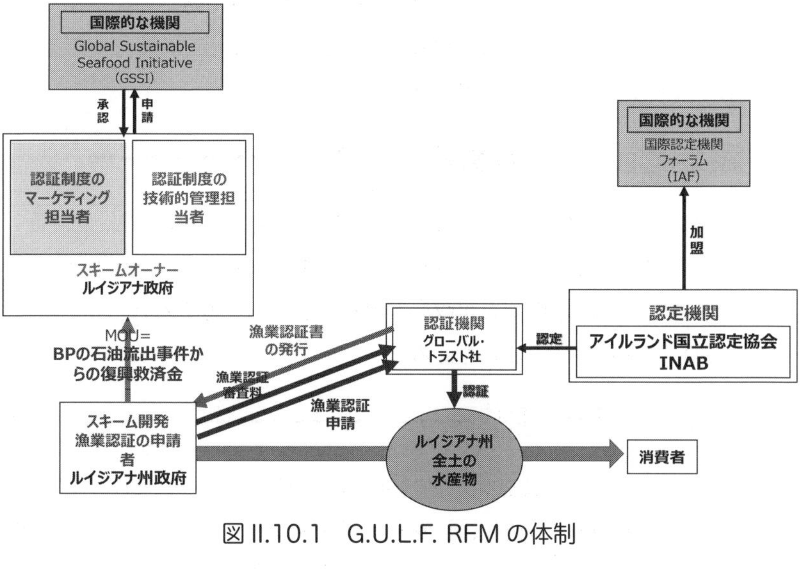

図 II.10.1　G.U.L.F. RFM の体制

---

89 Audubon Gulf RFM, 2018A

90 Audubon Gulf RFM, 2018B

表 II.10.1　G.U.L.F. RFM の漁業認証の原則

原則 A	漁業の管理制度
原則 B	科学的根拠に基づいた資源の評価活動
原則 C	漁業資源の管理目標
原則 D	予防原則
原則 E	生態系への漁業による重大な影響

4. 漁業認証の単位

漁業認証に関して述べれば、認証の単位はルイジアナ州を含めたメキシコ湾岸の 3 マイルまでの州の管轄下の海域、メキシコ湾岸の 200 マイルまでの連邦政府管轄下の海域で漁獲される同一の魚種である。認証の申請者は、各州政府が務める形をとっている。このような形をとっているのは、メキシコ湾岸では零細な漁業者が多く、アラスカのように認証申請のための任意団体を結成することが困難であるとの判断があったからである[91]。また、理論的にはメキシコ湾を囲む 5 州（ルイジアナ州、フロリダ州、アラバマ州、ミシシッピ州、テキサス州）の漁業者あるいは州政府が申請を出せることになっているが、現在のところルイジアナ州以外は申請をしていない。

5. 漁業認証審査の費用の負担

認証費用は認証申請者であるルイジアナ州政府が、認証機関に支払、認証後は、認証書も州政府が管理している。G.U.L.F. RFM は、スキーム・オーナーが州政府である点、また認証申請を州政府が担っている点を考えると、非常に政府の関与が高い認証制度であると言える。

6. CoC 認証の基準

G.U.L.F. RFM の CoC 認証の基準は 4 つの原則（一般的な要件、トレーサビリティーと記録に関する要件、トレーサビリティー・テストと維持に関する要件、ラベルと RFM によって認証された製品に関する要件）から成る。他の

[91] Audubon Gulf RFM,2018B

認証制度の CoC 認証と同じく、それぞれの原則の下にある下位規定に全てに申請者の組織が合格しなければ、認証されることはない[92]。

7. ロゴマーク

G.U.L.F.RFM は現在のところロゴマークを持っていない[93]。これは、アラスカやアイスランドのように輸出を目的とした認証制度の設立ではなかったことにも起因するが、アラスカやアイスランドとは異なる水産物の販売促進戦略を取っていることも、当面はロゴマークを作らない戦略をとっていることの背景として考えられる。G.U.L.F.RFM によって認証された水産物の販売促進は、地元、ニューオリンズのレストランやシェフを中心に展開されている。ニューオリンズは、アメリカの中では食の町として知られ、全国ネットに登場するエミレル・ラガッシなどの有名人シェフがそのレストランを構えることでも有名である。このようなレストランにおいて持続可能な水産物を提供し、その存在を周知することにより、認証制度の知名度を上げる

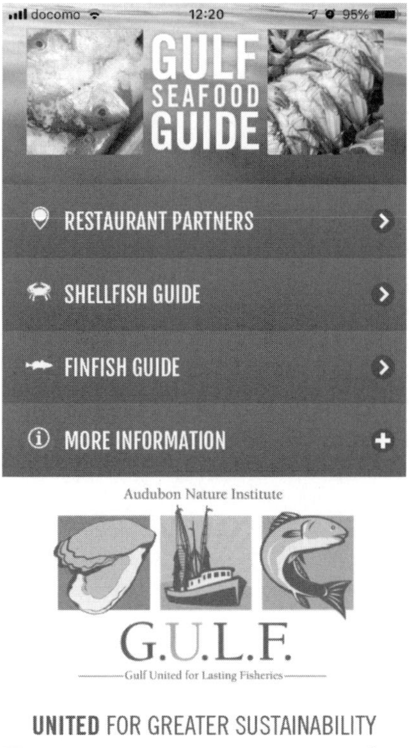

図 II.10.2 G.U.L.F. RFM のアプリケーション

[92] Audubon Gulf RFM, 2018C

[93] ウェブを確認する限りは、今後は開発予定であるのかもしれない。詳細は https://www.audubongulf.org/certification/framework/ を参照。

のがG.U.L.F.RFMの戦略である[94]。また、G.U.L.F.RFMの担当者の話によると、アメリカにおいては水産物を消費するのは家庭ではなく、レストランであることが多いため、このような戦略をとっているとのことでもあった[95]。そのため、G.U.L.F.RFMでは、ニューオリンズの持続可能な水産物やそれを提供するレストランを紹介するアプリケーション（図II.10.2）なども開発されており、地元での水産物の消費を、認証制度を通じて促進している。

[94] 2017年11月に実施したG.U.L.F. RFMのマーケティング担当者ジョン・ファロン氏へのヒアリングより。
[95] 同上。

Ⅲ
認証機関と認定機関
（MEL を例として）

1. 認証機関と認定機関の意義

Ⅱの各認証制度の解説にあった通り、事業者の取組を審査、評価し、認証を行う機関（認証機関）は制度の運営管理機関であるスキーム・オーナーとは別の独立した第三者機関でなければならない。そうでなければ、認証の客観性、審査の公平性が担保されない。

この第三者認証制度については、MSC の制度概要（3. スキームの概要：p.78）及び ASC のコラム 5（p.93）でも紹介された通り、ISO の基準を用いるものと、ISEAL に依拠したものとがあり、MEL は RMF（アラスカ州）や IRF（アイスランド）と同様に ISO を依拠とした認証制度となっている。

また、この認証機関が審査を行うに十分な能力を有しており、審査の正当性や公平性を保つための仕組をもち実践しているか、また外部よりの意見を聴取し、自ら改善していくための情報公開を行っているか等を評価し、認証機関として認定されなければスキーム全体の客観性、透明性が担保されない。この認定を行うのが認定機関である。

さらには、この認定機関が国際的に通用する組織でなければ、認証機関が国際的に認定されていることにはならないこととなる。

MEL の現在の認証機関はいまだ 1 者だが、早晩 2 者になる見込みであり、その認定機関は1者である。後述し紹介する。

2. 製品認証について

上述した認定機関による認証機関の認定は、「製品認証」の分野において行われる。

製品認証は、製品などの機能や品質を保証することを目的に、製品類が製品規格に示されている機能を満たしているかどうかを第三者が証明する仕組みであり、プロセスやサービスもこの認証の対象となっている。認証された製品などには認証マークが付くため、そのマークを見て購買者は安心して製品を買うこととなる。

認定機関は、特定の製品、サービス、プロセスについて、その認証機関が規格への適合性を評価し、認証する能力を有しているかを、認定機関がISO／IEC17065に基づき審査し、認定する。

認定された認証機関により認証された製品やサービスはその認証マークにより信頼性が保証され、国際的な認定を受けられれば、海外においても信頼されることとなる。

3. 認証機関

(1) 公益社団法人日本水産資源保護協会

設立：昭和38年4月

会員：219（水産団体、漁業協同組合、地方自治体等）

役員：理事9名（内常勤1名）、監事2名

目的：水産資源の保護培養、管理、衛生及び漁場環境の保全に関する事業を行い、持続可能な漁業と水産物の食の安全・安心を確立することによって国民生活の向上に寄与する。

事業項目：水産資源の保護培養に関する知識・技術の普及に関わる以下の事業

① 水産資源の保護培養に関する調査・資料収集及び普及啓発、助成等
② 水産資源の管理に関する調査・資料収集及び普及啓発、認証・認定等
③ 水産資源の衛生に関する調査・資料収集及び普及啓発、検査、認証・認定等
④ 漁場環境の保全に関する調査・資料収集及び普及啓発等
⑤ その他協会の目的を達成するために必要な事業

日本水産資源保護協会は、1981年（昭和38年）4月、水産資源の維持増大と漁業生産の安定に寄与することを目的に社団法人として設立され、国、地方自治体並びに漁業関係団体等との連携のもと、コイヘルペスウイルスの診断、輸出向け水産食品の魚病検査魚類防疫士技術認定など、海洋及び河川環境、漁業生産や養殖衛生に関する種々の事業、さらに流通加工から消費者の方々を向いての公益事業に邁進し、「持続可能な漁業の確立」と「食の安心・安全」につながる活動にも取り組んできた。

上記から、同協会は都道府県の水産研究施設またはその研究員と協力関係があり、地域の漁業や増養殖の実態に比較的明るく、研究員OBを審査員として要養成し活用もできることもあり、2009年12月よりはマリン・エコラベル・ジャパン（旧MEL）設立と同時に同認証の審査を行う機関としても活動してきた。

2016年12月、MEL協議会が設立され、規格が大幅に改正、スキームの管理運営方法が変更されると、これに伴いその要求事項に沿って認証規程他を見直すと共に、審査体制や審査員の育成等の改善を実施しながら、2018年5月より公益法人日本適合性認定協会（JAB）の認定に取り組み、2019年5月に同協会の認定を受け、MELの中心的審査機関として活動している。

(2) 公益財団法人海洋生物環境研究所（MERI）

設立：1975年12月

役員等：評議員10名、理事9名（内常勤4名）、監事2

事業所：事務局のほかに中央研究所と実証試験場

目的：科学的手法に基づき、沿岸海域等における環境、生物、生態系に関する学術調査研究を行い、その成果を公表すること等により、エネルギー産業等における沿岸域利用の適正化と、沿岸海域等の自然環境、水産資源、漁場環境の維持・保全に寄与すること

事業項目：

① 発電所温排水等が沿岸海域等の環境、生物、生態系に与える影響に関する調査研究

② 化学物質等が沿岸海域等の環境、生物、生態系に与える影響に関する調査研究

③ 海域の環境放射能の実態把握等に関する調査研究

④ 沿岸海域等における環境、生物、生態系の維持・保全・利用に関する調査研究

⑤ 沿岸海域等の利用に影響を与える水生生物に関する調査研究

⑥ 前5号の調査研究に関する指導及び成果の普及・活用

⑦ その他研究所の目的を達成するために必要な事項

海洋生物環境研究所は1975年（昭和50年）12月、主に発電所の温排水が漁場環境に与える影響について科学的に解明する調査研究機関として設立されたが、現在は発電所取放水の影響解明をはじめ、沿岸海域における環境や生物・生態系に与える化学物質の影響解明、海洋環境放射能の調査解析を大きな柱として、近年問題となっている海洋の温暖化や酸性化、生物多様性の維持・保全などといった海域環境を巡る様々な課題に取り組んでいる。

同研究所は、MEL協議会がGSSIの承認を申請したことを受け、MELの認証機関となるべく、機関決定の上同協議会と覚書を締結、JABの認定に取り組んでいる。上記のように同研究所には水産や環境に明るい多くの研究者が在籍しており、その人材を活用し、審査員への養成を行うと共に、2020年度中にJABの認定を受けるべく精力的に取り組んでいる。

4. 認定機関

公益財団法人日本適合性認定協会（JAB）

設立：1993 年 11 月

役員等：評議員 11 名、理事 5 名（内常勤 3 名)、監事 1 名

目的：我が国における適合性評価制度（以下「適合性」という）及び適合性に係る諸外国との相互承認体制の確立と発展を図り、もって我が国産業経済の健全な発展と公正な経済活動を支えるとともに、安心・安全な社会基盤構築に寄与すること

事業項目：

(1) 適合性評価機関の認定及び認定結果の公表
(2) 国際及び国内の適合性評価に係る規格制改定への協力
(3) 認定機関間の相互承認の推進、維持
(4) 調査及び研究・開発
(5) 普及及び啓発、研修
(6) 内外関係機関等との交流及び協力
(7) 制度利用者等への情報提供
(8) その他、この法人の目的を達成するために必要な業務

日本適合性認定協会は、日本工業標準調査会の答申に基づき、社団法人経済団体連合会の主導の下、35 の産業団体から基本財産の出捐を受けて「財団法人日本品質システム審査登録認定協会」の名称で品質マネジメントシステム認証制度における認定機関として発足した。

1996 年 6 月、環境マネジメントシステム審査登録機関・認証機関、試験所などの認定を事業に加え、これに伴い名称を「財団法人日本適合性認定協会」に変更した。2010 年 7 月に公益法人制度改革関連 3 法に基づき「公益財団法人日本適合性認定協会」として新たに発足した。

「2. 製品認証について」で一部記したように、同協会は、ISO ／ IEC17011

に基づいた認定活動を行い、ISO／IEC17065に基づいて、マネジメントシステム認証機関、検査機関、製品認証機関、試験所・校正機関など9つの分野の機関を審査、認定していたが、2018年1月に漁業、養殖業及び水産物の認証機関を認定する事業を追加した。

さらに、国際的な認定機関の集まりであるIAF（International Accreditation Forum,Inc：国際認定フォーラム）とILAC（International Laboratory Accreditation Cooperation：国際試験所認定協力機構）のIAF-MLA（Multilateral Recognition Arrangement：国際相互承認協定）ILAC-MRA（Mutual Recognition Arrangement：相互承認協定）に加盟している。

認定機関間の相互承認協定は、それぞれの認定先の認証機関が同じ国際基準に基づいて運営されていることを保証しており、JABに認定されれば国際的に通用する認証機関であると認められることとなる。

前述した製品認証の例として、JABは自家発電装置、電気工作物の溶接、抗菌防臭加工繊維、マーケットリサーチサービス、風力発電装置、農産物などがあるが、2019年3月この日本水産資源保護協会のMEL認証を認定したことで、「水産物」が加わることとなった。

索　引

水産《すいさん》エコラベル　ガイドブック　定価はカバーに表示してあります。

2020年7月8日　初版発行

編　者　一般社団法人大日本水産会《だいにっぽんすいさんかい》
発行者　小川典子
印　刷　大盛印刷株式会社
製　本　東京美術紙工協業組合

発行所 株式会社 成山堂書店

〒160-0012　東京都新宿区南元町4番51　成山堂ビル
TEL：03(3357)5861　FAX：03(3357)5861
URL：http://www.seizando.co.jp

落丁·乱丁本はお取り換えいたしますので，小社営業チーム宛にお送りください。

Printed in Japan　ISBN 978-4-425-83131-9